Maine Coon

AUTORIN: BIRGIT KIEFFER | FOTOGRAFIN: JANA WEICHELT

Inhalt

Typisch Maine Coon

Maine Coons sind groß und imposant, durch ihr Aussehen wirken sie wild und gefährlich. Doch hinter dem beeindruckenden Äußeren verstecken sich sanfte, anhängliche Katzen, die durch ihre unnachahmliche Art ihre Menschen verzaubern.

Vom Wald ins Wohnzimmer

Die Maine Coon zählt zu den größten und schwersten Hauskatzenrassen der Welt. Gemessen vom Kopf bis zur Schwanzspitze, können sie eine Länge von einem Meter erreichen. Ein erwachsener Kater kann bis zehn Kilogramm, eine Katze sieben Kilogramm schwer werden. Den kräftigen, muskulösen Körper bedeckt ein halblanges, dichtes Fell, das aus einem wärmenden Unterfell und wasserabweisenden Deckhaaren besteht.

Herkunft der Maine Coons

Die Rasse gehört zu den sogenannten Waldkatzen (→ Seite 6). Ursprünglich ist sie im Bundesstaat Maine im Nordosten der USA zu Hause. Noch heute leben dort wilde Verwandte der Maine Coons. Um die Entstehung der Rasse ranken sich viele Geschichten. Lange Zeit glaubten die Menschen, dass die Maine-Coon-Katze aus einer Kreuzung zwischen Hauskatze und Waschbär (englisch Racoon) hervorgegangen sei. Diese Auffassung wurde selbst noch 1974 in G. Grilkes Buch »The cat and man« vertreten. Dazu haben sicher die typische Waschbärenzeichnung, der kräftige Körperbau und der dichte, buschige Schwanz beigetragen. Eine solche Kreuzung ist genetisch unmöglich, genauso wie eine Verpaarung von Hauskatzen mit den frei lebenden wilden Katzenarten in dieser Gegend, Luchs und Puma, aus zoologischer Sicht schon aufgrund des Größenunterschieds nicht möglich ist. Auch eine Abstammung von den Waldkatzen, die mit den Wikingern im 11. Jahrhundert nach Amerika gekommen waren, wurde diskutiert. Daneben kursieren weitere Spekulationen, in denen zum Beispiel Kapitän Charles Coon aus Biddlefort Pool in Maine oder Kapitän Samuel Clough zur Zeit der Französischen Revolution eine Rolle gespielt haben.

Wissenswertes zu **Waldkatzen**

TIPPS VON DER
MAINE-COON-
EXPERTIN
Birgit Kieffer

WAS SIND WALDKATZEN? Hauskatzenrassen, die ohne menschlichen Einfluss entstanden sind und die in ihrer ursprünglichen Form noch heute in den Wäldern leben, werden als Waldkatzen bezeichnet. Dazu gehören neben der Maine Coon die Norwegische Waldkatze, die Sibirische Waldkatze und die Neva Masquarade. Durch gezielte Zucht wurden in den letzten Jahren die rassespezifischen Besonderheiten verfestigt, sodass sich die Rassen optisch klar unterscheiden lassen.

AUSSEHEN Waldkatzen sind im Allgemeinen sehr groß und robust. Sie haben ein halblanges, dichtes, meist etwas fettiges Fell, das sie im Winter vor Kälte und Nässe schützt. Im Sommer verlieren die Waldkatzen das schützende Unterfell. So kommen sie auch bei Wärme gut zurecht.

WALDKATZEN IN DER WOHNUNG Trotz des Fellwechsels benötigen Waldkatzen bei der Fellpflege nur wenig Unterstützung durch den Menschen. Vom Wesen her sind alle Waldkatzen liebe, anhängliche Tiere, die gern in menschlicher Gesellschaft sind und die sich leicht an Veränderungen anpassen können.

Am wahrscheinlichsten ist, dass die heutige Maine Coon eine Kreuzung aus den verschiedenen Katzenrassen ist, die Einwanderer im Lauf der Zeit nach Amerika mitbrachten. Da im kühlen, rauen Klima von Maine nur kräftige, widerstandsfähige Tiere überleben konnten, bildete sich diese große, eindrucksvolle Rasse.

Kurze Geschichte der Rasse

Bereits Mitte des 19. Jahrhunderts wurden auf Landwirtschaftsmessen wie der Skowhegan Fair die schönsten Katzen aus Maine gekürt. Sie durften dann den Titel Maine State Champion Cat führen. In der Literatur wurden Maine-Coon-Katzen erstmals 1861 erwähnt. Am 8. Mai 1895 wurde die erste Maine-Coon-Katze, ein brown-tabby-Weibchen (→ Seite 12) mit dem Namen Cosey, auf einer Katzenausstellung im Madison Square Garden in New York City gezeigt. Sie gewann sogleich den ersten Preis. Auch auf drei Bostoner Shows sollen ebenfalls brown-tabby-Maine-Coons gewonnen haben. Doch Anfang des 20. Jahrhunderts verdrängten exotische Katzenrassen wie Perser- und Siamkatzen die Maine Coons. Die Rasse geriet fast in Vergessenheit. Erst ab 1950 stieg das Interesse der Züchter an ihr. Da es zu diesem Zeitpunkt noch keine Katzen gab, die zur Zucht eingesetzt wurden, holten die Züchter wilde Katzen mit den gewünschten rassetypischen Merkmalen (Foundation-Tiere) aus der natürlichen Population. Allmählich waren Maine Coons wieder auf Katzenausstellungen zu sehen und erfuhren viel Zuspruch. Ein Rassestandard wurde erarbeitet. Erst im Mai 1976 erkannte die Cat Fanciers Association (CFA) als letzter großer amerikanischer Dachverband die Maine Coon als vollwertige Rassekatze an. Heute gehören Maine Coons weltweit zu den beliebtesten Katzenrassen.

Vom Wesen der Maine Coon

Beim Anblick einer Maine Coon könnte man meinen, eine Wildkatze vor sich zu haben. Doch das äußere Erscheinungsbild trügt. Maine Coons sind liebenswürdige Katzen mit einem unvergleichlichen Wesen, die sich problemlos in der Wohnung halten lassen. Als gesellige Tiere hassen sie nichts mehr, als stundenlang allein gelassen zu werden. Im Folgenden erfahren Sie, was auf Sie zukommt, wenn Sie Ihr Leben mit einer Maine Coon teilen wollen.

Zwei Seelen in einer Brust

Typisch Katze sind Maine Coons unabhängig und können sich manchmal stundenlang mit sich selbst beschäftigen. Dann wird gedöst, gespielt oder nur aus dem Fenster gesehen. Dann wieder sind sie anhänglich wie ein Hund und folgen ihrem Menschen auf Schritt und Tritt, begleiten ihn von Zimmer zu Zimmer und interessieren sich für alles, was er tut. Ob es sich um eine Reparatur, um Bastelarbeiten oder um die tägliche Hausarbeit handelt, ob Sie Lust auf eine Streichelrunde haben oder abgespannt von der Arbeit nach Hause kommen und eigentlich Ihre Ruhe haben möchten – eine Maine Coon ist immer dabei.

Im Gegensatz zu anderen Hauskatzen besteht eine Maine Coon dann auf ihrem »Recht« auf Aufmerksamkeit und lässt sich nicht so leicht abwimmeln. Schenken Sie ihr ein paar Minuten Zeit, um mit ihr zu spielen oder zu schmusen. Dann können Sie

Alle Maine Coons sind intelligent und neugierig. Die kleinste Bewegung erregt ihre Aufmerksamkeit und animiert sie zum Spielen und Jagen.

wieder Ihrer geplanten Tätigkeit nachgehen. Wenn Sie jetzt allerdings meinen, Coonies sind Schoßkatzen, muss ich Sie leider enttäuschen. Gelegentlich lieben sie es, sich auf dem Schoß ihres Menschen niederzulassen, doch der Platz nebenan wird meist bevorzugt.

Quasselschnäuzchen

Im Vergleich zu ihrer imposanten Erscheinung haben Maine Coons eine leise Stimme. Doch diese setzen sie ausgiebig ein. Am Ende eines ereignisreichen Tages kann Ihnen eine Coonie ihre Erleb-

nisse ausführlich erzählen – egal, ob Sie Zeit und Muße haben, ihr zuzuhören, Ihre Maine Coon wird Ihnen ihre Geschichte erzählen.

Neugierig und geschickt

Eine herausragende Eigenschaft einer Maine Coon ist ihre Neugier und ihr ausgeprägter Spieltrieb. Herumliegende Schrauben, Autoschlüssel, wichtige Papiere, Papierschnipsel, noch nicht aufgeräumte Einkäufe oder Stifte erregen die Aufmerksamkeit einer jeden Coonie. Solche Gegenstände werden dann gern mit den Pfoten vom Tisch gestupst und zum Spielzeug umfunktioniert. Gelegentlich werden sie auch mal »geklaut« und versteckt. Selbst Hausschuhe werden verschleppt. Dabei sind Maine Coons mit der Wahl ihrer Verstecke sehr kreativ. Und wenn man Pech hat, findet man das »Geraubte« erst nach einer längeren Suchaktion wieder. Bei solchen Aktionen setzen Maine Coons ihre Pfoten geschickt ein. Problemlos können sie Türen und Schränke öffnen. Oft führen sie auch das Futter mit den Pfoten zum Mäulchen, um es zu verspeisen. Selbst am gedeckten Tisch kann es passieren, dass eine Pfote von unten auf dem Tisch etwas zu erhaschen versucht. Bringen Sie deshalb Ihrer Coonie von Anfang an bei, dass der Tisch für sie tabu ist.

Wasserscheu? Nein danke!

Neben dem hundeähnlichen Verhalten ist die Liebe der Coonies zum Wasser katzenuntypisch. Manche

Maine Coons gelten als die Hunde unter den Katzen. Kein Wunder, dass sie sich gut mit Hunden verstehen.

Nie allein: Erst wildes Spiel, dann kuscheln mit der Freundin. Auch die Körperpflege kommt nicht zu kurz.

Maine Coons gehen sogar mit ihren Besitzern unter die Dusche. Dabei schützt sie ihr wasserabweisendes Fell davor, nass zu werden. Ein hartnäckiges Gerücht ist es allerdings, dass eine Maine Coon, die einen Fluss überqueren möchte, nicht über die Brücke geht, sondern schwimmt. Selbstverständlich können Coonies wie alle Katzen schwimmen, das machen sie jedoch nur, wenn es sein muss. Fast alle Maine Coons planschen dagegen gern mit den Pfoten im Wassernapf. Futterbrocken und auch so manches Spielzeug werden im Wasser gebadet und anschließend wieder geschickt herausgeangelt. Stellen Sie deshalb Futter- und Wassernapf nicht nebeneinander und auf einem leicht zu trocknenden Untergrund auf.

Maine Coons und andere Tiere

Eine Maine Coon braucht Gesellschaft. Muss sie den ganzen Tag allein zu Hause bleiben, ist sie unglücklich und vereinsamt. Dabei spielt es keine Rolle, welcher Art die Gesellschaft ist, denn Coonies sind sehr verträglich.

Haben Sie bereits eine Katze, können Sie sich problemlos eine Maine Coon zulegen, denn sie versteht sich mit jeder anderen Katzenrasse. Auch mit Hunden kommt sie gut aus und erkennt sie als gleichberechtigten Partner an. Wie Sie Katze und Katze bzw. Hund aneinander gewöhnen, erfahren Sie auf Seite 30.

Mäuse, Hamster, Meerschweinchen und andere Kleintiere gehören eigentlich zu den Beutetieren von Katzen. Wächst jedoch eine Maine-Coon-Katze als Baby mit diesen Tieren auf, wird sie sich auch mit ihnen anfreunden und keine Gefahr für sie darstellen. Allerdings sollten Sie immer ein wachsames Auge auf das Geschehen haben und die Katze nicht allein mit den Kleintieren lassen.

Der Rassestandard schreibt vor

Maine Coons wurden ursprünglich auf Bauernhöfen im Nordosten Amerikas gehalten, um der Mäuseplage Herr zu werden. Seit etwa 30 Jahren sind sie bei uns als Rasse anerkannt.

WESEN Natürlich mit freundlichem Charakter.

KÖRPERBAU Muskulöser, lang gestreckter, breiter Körper; mittellange und kräftige Beine; große, runde Pfoten mit Haarbüscheln. Der Schwanz sollte mindestens bis zur Schulter reichen und sich vom Ansatz zur Spitze hin verjüngen.

KOPF Groß und kantig wirkend, mit geraden Konturen; kräftige, deutlich abgesetzte Schnauzenpartie; Oberlippe, Nase und kräftiges Kinn bilden eine gerade Linie.

OHREN Groß und hoch am Kopf angesetzt; der Abstand zwischen den Ohren sollte höchstens eine Ohrenbreite betragen; Haarbüschel in den Ohren sollen über den Ohrenrand hinausragen, Luchspinsel sind erwünscht.

NASE Mittellang, im Profil konkav geschwungen.

AUGEN Groß, leicht oval, zum Ohr hin leicht abgeschrägt, aber nicht mandelförmig; die Augenfarbe soll harmonisch zur Fellfarbe passen.

FELL An Kopf und Schultern bis auf den Kragen kurz, entlang des Rückens und der Flanken deutlich länger; die Unterwolle ist dicht, weich, fein, das Deckhaar gröber und wasserabweisend; es bedeckt Rücken, Flanken und Schwanzoberseite. Überall gleichlanges Haar gilt als Fehler.

FELLFARBE Alle Farben sind erlaubt, ebenfalls alle Farbvarietäten mit Weiß sowie jeder Weißanteil. Nicht erlaubt sind die Farben Chocolate, Lilac, Cinnamon und Fawn sowie Pointzeichnung (dunklere Abzeichen, wie bei Siamesen).

Rassetypische Merkmale

Augen

Die Augen sind groß, ein wenig oval und leicht schräg zum äußeren Ohrrand angesetzt. Eine zum Fell passende Farbe und ein klarer Blick verstärken den wilden Ausdruck.

Ohren

Große, breite Ohren, die nicht spitz auslaufen, verstärken den neugierigen Gesichtsausdruck. Haarbüschel in den Ohren ragen oft weit über den Ohrrand hinaus. Luchspinsel (Haarbüschel an der Spitze) sind erwünscht.

Schnauze

Das Kennzeichen einer typischen Maine Coon ist eine kräftige, kantige Schnauze. Der Übergang von Schnauze zu den Wangenknochen ist gut fühlbar. Oberlippe und Kinn bilden von der Seite betrachtet eine senkrechte Linie. Dadurch erhält die Rasse auch ihr wildes Aussehen.

Profil

Das Profil ist konkav geneigt, die Stirn leicht gebogen. Die Schnauze sollte weder einen Stopp, das ist ein Knick zwischen Nase und Stirn, noch einen Pump (Höcker auf der Nase) aufweisen.

Fell

Das dichte, mittellange Fell wirkt manchmal ein wenig fettig. Durch das feste Deckhaar und die dichte Unterwolle werden Coonies selbst bei starkem Regen nicht bis auf die Haut nass.

Schwanz

Der lange, buschig behaarte Schwanz reicht, wenn man ihn nach vorn legt, bis zum Schulterblatt. Er ist breit am Ansatz und läuft zum Schwanzende hin spitz aus. Mithilfe ihres Schwanzes vermag die Waldkatze trotz ihres großen Körpers elegant zu springen und auch weiter entfernte Ziele treffsicher zu erreichen.

Pfoten

Typisch für alle Waldkatzen sind die Haare zwischen den Zehen und Ballen an den großen Pfoten. Sie helfen den Maine Coons, die große Kälte in den Wäldern Nordamerikas zu ertragen, und verleihen einen besseren Halt auf verschneiten und eisigen Böden.

Wie Maine Coons gezeichnet sind

Alle Hauskatzen gehen auf die Falbkatze der afrikanischen Steppe zurück. Mit ihrem sandfarbenen Fell ist sie bestens in der Umgebung getarnt. Durch die Domestikation entstanden auffällig gezeichnete Hauskatzen. Mit der Verbreitung der Katzen in nördlichere Gefilde stieg deren Überlebenschance, weil sie trotz der auffälligeren Zeichnung im Unterholz der Wälder schlechter zu entdecken waren.

Die Musterung

Maine Coons gibt es in zwei Zeichnungstypen:
Non-agouti Das Fell ist einfarbig.

Tabby Das Fell weist eine Zeichnung auf. Dabei ist aber noch nicht genauer beschrieben, um welche Art von Zeichnung es sich handelt. Man unterscheidet zwischen

› mackerel-tabby: Die Katze weist an der Seite Streifen auf, die an einen Tiger erinnern.
› blotched-tabby, auch classic-tabby oder Schmetterlingszeichnung genannt: Im Idealfall kann man an den Seiten der Katze einen Kreis erkennen.
› spotted-tabby: Die Zeichnung ähnelt mackerel-tabby, die Streifen sind jedoch unterbrochen.
Da Maine Coons ein relativ langes Fell haben, kann es sein, dass die Musterung bei allen Zeichnungsvarianten immer etwas verwaschen aussieht.

Die Grundfarbe

Trotz der vielfältigen Zeichnungsvarianten gibt es bei Maine Coons als Grundfarben nur Schwarz und Rot, die sogenannten Vollfarben, und deren Verdünnungen (→ rechts), Blau und Creme. Die bekannteste und am weitesten verbreitete Farbvariante ist das Black-tabby, auch Brown-tabby genannt. Dies entspricht der Wildzeichnung, also der wohl ursprünglichsten Fellfärbung, ideal geeignet, sich im Unterholz zu verstecken.
Auch ganz weiße Maine Coons gibt es. Leider ist die Wahrscheinlichkeit, dass eine rein weiße Katze taub ist, recht groß. Das gilt besonders dann, wenn sie blaue Augen hat. Ein Hörtest, der im Alter von

Eine blaue Katze ist non-agouti, also einfarbig. Sie trägt die Gene für die Zeichnungsunterdrückung und Verdünnung reinerbig.

Bei der Schmetterlings- oder Classic-Zeichnung
sind an der Körperseite Kreise zu erkennen.
Durch das lange Fell verschwimmt die Zeichnung.

Durchgängige dunkle Streifen sind das Kennzeichen
einer Mackerel-tabby-Maine-Coon. Je länger das
Oberfell ist, desto unschärfer wirkt die Zeichnung.

etwa zwölf Wochen durchgeführt wird, kann darüber
Auskunft geben.

Außerdem gibt es noch die Silber-Varianten, die bei
Tieren ohne Zeichnung »smoke« genannt werden.
Hier ist die Grundfarbe ebenfalls schwarz, blau, rot
oder creme, jeweils mit und ohne Weiß. Silber und
Weiß werden nur »sichtbar« vererbt. Das heißt, dass
eines der Elterntiere eines Kätzchens, das silber
und/oder mit weiß ist, ebenfalls silber und/oder
mit weiß sein muss.

Wie die Farbe vererbt wird

Jedes Katzenbaby bekommt jeweils die Hälfte des
Erbguts vom Vater und von der Mutter. Das hat
Auswirkungen auf die Fellfärbung.

Ob Kätzin oder Kater, das entscheiden die Ge-
schlechtschromosomen: bei der Katze zwei X-Chro-
mosomen, beim Kater ein X- und ein Y-Chromosom.
Kätzchen bekommen von beiden Elternteilen je ein
X-Chromosom, Katerchen erben von der Mutter das
X-Chromosom, vom Vater das Y-Chromosom.

Die Gene für Grundfarbe und Fellmusterung sind an
die X-Chromosomen gebunden. Da ein Kater das
X-Chromosom immer von der Mutter bekommt,
erbt er stets deren Grundfarbe. Ist sie rot, wird auch
der Kater rot, Gleiches gilt für Schwarz. Außerdem
können Kater dadurch immer nur eine Grundfarbe
haben – entweder rot oder schwarz –, Kätzinnen
mit ihren zwei X-Chromosomen können zweifarbig,
also rot und schwarz, sein. Auch eine sogenannte
dreifarbige Glückskatze (rot-schwarz und weiß) ist
immer ein Weibchen.

Verdünnung Durch die Zucht ist ein sogenanntes
Verdünnungsgen entstanden, das bewirkt, dass die
Grundfarbe schwarz wie Blau, die Grundfarbe rot
wie Creme erscheint. Dieses Gen wird rezessiv vererbt. Das heißt, die verdünnte Farbe zeigt sich nur,
wenn eine Maine Coon von beiden Eltern dieses
Gen geerbt hat. So können schwarze Elterntiere,
wenn beide neben Schwarz auch das Gen für Verdünnung tragen, durchaus blaue Babys bekommen, blaue Eltern aber niemals schwarze Babys.

Maine Coons im Porträt

Maine Coons gibt es in verschiedenen Farb- und Zeichnungsvarianten. Trotz des unterschiedlichen Aussehens
sind sie im Wesen ähnlich. Für welche Farbe Sie sich
entscheiden, bleibt also Ihrem Geschmack überlassen.

WILDZEICHNUNG Sie wird
black-tabby oder brown-tabby
genannt und ist die ursprüng-
lichste Zeichnung der Rasse.

SCHWARZ-ROT Die Kombination
der Farben schwarz und rot
kommt fast nur bei weiblichen
Tieren vor. Hat die Katze auch
noch weiß im Fell, ist sie eine
Glückskatze. Sollte es ein Kater
sein, ist er unfruchtbar.

BLAU Eine blaue Katze trägt
reinerbig die Gene für Verdünnung und zur Unterdrückung der
Zeichnung. In der Natur ist diese
Variation eher selten, durch
gezielte Zucht kommen solche
Coonies inzwischen häufiger vor.

ROT Rot gibt es mit und ohne Weiß. Rote Coonies sind meist Kater. Bei Katzen müsste der Vater reinerbig rot und die Mutter zumindest schwarz-rot sein.

WILDZEICHNUNG MIT SILBER In den silbernen Haaren fehlt die Grundfarbe, das Melanin, vollständig. Die Haare sind hohl und erscheinen deshalb silber.

SCHWARZ-ROT MIT SMOKE Smoke heißt silbernes Unterfell und dunkles Deckhaar. Dadurch wirkt die Katze, als wäre sie durch eine Rauchwolke gelaufen.

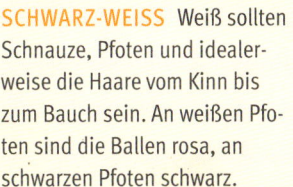

SCHWARZ-WEISS Weiß sollten Schnauze, Pfoten und idealerweise die Haare vom Kinn bis zum Bauch sein. An weißen Pfoten sind die Ballen rosa, an schwarzen Pfoten schwarz.

WEISS Weiße Maine Coons haben meist orangefarbene oder blaue Augen. Häufig sind sie auch zweifarbig – ein Auge ist orange, das andere blau. Diese Variante nennt man Odd-Eye.

Passt eine Maine Coon zu mir?

Über das Wesen der Maine Coon haben Sie bereits auf Seite 7 einiges erfahren. Hier nun können Sie sich informieren, ob die Rasse zu Ihren Lebensgewohnheiten passt. Das ist wichtig, denn bei artgerechter Haltung und guter Pflege kann Sie eine Maine Coon über mindestens 15 Jahre hinweg begleiten. Damit sie in dieser Zeit ein glückliches Leben führt, müssen Sie einige grundlegende Bedürfnisse der Katze befriedigen.

Die tägliche Versorgung

Maine Coons stellen im Allgemeinen keine besonders großen Ansprüche an ihren Menschen und ihre Umgebung.

Revier Ihnen genügt eine ausreichend große Wohnung mit entsprechenden Spiel-, Aussichts- und Ruhezonen. Für eine Maine Coon, die nur in der Wohnung gehalten wird, ist nicht nur wegen ihrer Körpergröße eine Einzimmerwohnung ungeeignet. Eine Katze will mehrmals täglich ihr Revier abgehen und erkunden, ob es etwas Neues gibt. Ist das Revier zu klein und überschaubar, kann sich die Katze nicht auf Entdeckungstour begeben und es wird ihr ein wichtiger Bestandteil eines glücklichen Katzenlebens genommen.
Ein gesicherter Balkon oder ein umzäunter Freilauf wären ideal, müssen aber nicht unbedingt sein.

Verpflegung Wie jede Katze braucht eine Maine Coon täglich frisches Futter und Wasser. Im Fachhandel gibt es Katzenfutter, das auf die unterschiedlichsten Bedürfnisse Ihrer Maine Coon abgestimmt ist. Es enthält alle Nährstoffe, Vitamine, Mineralien- und Spurenelemente in optimaler Zusammensetzung (→ Seite 39).

Ausrüstung Wichtig sind eine geeignete Katzentoilette, Schlafgelegenheiten und ein Kratzbaum.
› Die Auswahl an Katzentoiletten ist groß. Es gibt sie mit und ohne Deckel, manche Toiletten haben eine Klappe am Ein- und Ausstieg. Fragen Sie am besten den Züchter oder Vorbesitzer, welche Art

Tägliche Schmuse- und Streicheleinheiten sind die Grundlage für eine innige Beziehung.

von Toilette die Katze gewohnt war. So sind Sie vor unliebsamen Überraschungen sicher. Das Gleiche gilt für die Einstreu. Näheres dazu, → Seite 24.

› Maine Coons lieben es, von einem erhöhten Platz aus ihre Umgebung zu beobachten. Dafür eignet sich ein wirklich stabiler Kratzbaum sehr gut (→ Seite 24).

› Als Schlafgelegenheit gibt es im Fachhandel wunderschöne Bettchen und Körbchen. Meist sucht sich eine Maine Coon ihren Schlafplatz aber nach ihren eigenen, für uns Menschen manchmal seltsamen Vorstellungen aus. Gern wird auf der Couch und – wenn erlaubt – im Bett geschlafen. Aber auch ein Einkaufskorb oder schmutzige oder frisch gewaschene Wäsche sind attraktiv.

Zuwendung Wie ich bereits erwähnte, gelten die Maine Coons als die Hunde unter den Katzen. Das bedeutet, dass Sie sich sehr viel mit Ihrer Katze beschäftigen müssen. Ohne Ansprache und Schmusestunden verkümmert sie.

› Sie sollten wenn möglich täglich 15 bis 20 Minuten für Spiele einplanen, denn Coonies verbringen einen Großteil ihres Tages mit Spielen. Interaktive Spiele und Spiele, bei denen sie sich körperlich und geistig anstrengen müssen, machen ihnen besonders viel Spaß (→ Seite 42). Gern übernehmen sie die Initiative und animieren ihren Menschen zum Mitspielen. Wenn Sie es einrichten können, geben Sie dem Wunsch Ihrer Katze nach und spielen mit. So stärken Sie die Bindung zu ihr. Passt es Ihnen jedoch nicht, bieten Sie ihr eine Alternative, mit der sie allein spielen kann.

› Obwohl sich Maine Coons recht intensiv mit der Fellpflege beschäftigen, kann es manchmal sein, dass sie menschlicher Hilfe bedürfen. Dann schafft die Unterstützung der Pflege mit Kamm und Bürste der Katze große Erleichterung (→ Seite 51).

Pro und Kontra **Maine Coon**

Bevor Sie sich für die Anschaffung einer Maine Coon entscheiden, sollten Sie die folgenden Fragen durchlesen. Nur wenn Sie sie mit Ja beantworten, passt eine Maine Coon zu Ihnen.

ANSCHAFFUNG Sind alle Familienmitglieder mit der Anschaffung einer Katze einverstanden? Reagiert keiner aus der Familie auf Katzenhaare allergisch?

LEBENSPLANUNG Können Sie sich voraussichtlich auch in 10 bis 15 Jahren noch um Ihre Katze kümmern? Planen Sie größere familiäre oder berufliche Veränderungen? Passt dann eine Katze noch in Ihr Leben?

EINSCHRÄNKUNGEN Katzen sind Lebewesen, nicht nur schöne Dekoration. Können Sie akzeptieren, dass hin und wieder ein Möbelstück einen Kratzer abbekommt oder dass etwas zu Bruch geht? Katzen verlieren während des Fellwechsels Haare. Sind Sie bereit, Haare auf Couch, Teppich und auch auf Ihren Kleidern zu entfernen? Macht es Ihnen etwas aus, wenn die Katze auf den Teppich erbricht oder dort ihre Katzenstreu verteilt? Katzen kann man keinen bestimmten Platz zuweisen. Sind Sie bereit, die ganze Wohnung mit der Katze zu teilen?

URLAUB/ABWESENHEIT Kennen Sie jemanden, der sich zuverlässig um Ihre Katze kümmert, wenn Sie im Urlaub sind? Kann jemand auch kurzfristig einspringen, wenn Sie krank werden sollten oder beruflich unterwegs sein müssen? Sind Sie bereit, auch mal auf einen Urlaub zu verzichten, wenn die Katze schwer erkrankt ist?

EIGENSINN Können Sie es hinnehmen, dass eine Katze ihren eigenen Willen hat und sich nicht dressieren lässt wie ein Hund?

Eine Coonie soll es sein

Die Fan-Gemeinde dieser eindrucksvollen Katzenrasse wächst beständig. Und auch bei Ihnen soll demnächst eine Maine Coon schnurren. Wo Sie Ihre Katze bekommen und wie sie bei Ihnen wohnen möchte, erfahren Sie auf den folgenden Seiten.

Von der Qual der Wahl ...

Haben Sie sich entschieden, die nächsten Jahre mit einer Maine Coon zu verbringen, stellt sich die Frage, woher Sie die passende Katze bekommen.

Kauf vom Züchter

Der beste Weg, an ein gesundes, wesensfestes Kätzchen zu kommen, ist der Besuch bei einem guten Züchter. Hier können Sie Ihr zukünftiges Kätzchen in seiner gewohnten Umgebung beobachten, sehen die Elterntiere und Geschwister und können deren Verhalten fremden Menschen gegenüber begutachten.

Wo Sie einen guten Züchter finden Die meisten Züchter haben inzwischen eine eigene Homepage, auf der sie sich und ihre Zucht vorstellen. Hier können Sie sich im Vorfeld schon Bilder der erwachsenen Katzen und der Babys ansehen und sich über das Aussehen und Wesen der Katzen informieren.

Aber auch über Inserate in Fachzeitschriften oder in der Tageszeitung, beim Besuch einer Katzenausstellung, über Katzenverbände oder Ihren Tierarzt kommen Sie an die begehrten Adressen.

Wie erkennt man einen guten Züchter? Bei ihm leben die erwachsenen Katzen frei mit in der Wohnung. Verbringen sie ihr Leben in einem Zimmer oder womöglich in einem Käfig, lassen Sie die Finger davon. Achten Sie auf einen sauberen Katzenlebensraum, erwarten Sie aber keine Wohnung wie aus einem Möbelprospekt. Wo mehrere Katzen zusammenleben, bleibt es nicht aus, dass sie Kratzer auf den Möbeln hinterlassen.

Darauf sollten Sie beim Kauf achten:

› Eine Katze vom Züchter sollte einen Stammbaum haben. Dieser stellt sicher, dass es sich um ein reinrassiges Maine-Coon-Kätzchen handelt, das von Elterntieren stammt, die dem Rassestandard

Einem kleinen Ball kann Mieze herrlich hinterher-
rennen. Hat sie ihn erst einmal gefangen, gibt sie
ihre Beute so schnell nicht wieder her.

entsprechen. Er wird von einem Zuchtverein ausge-
stellt, bei dem der Züchter Mitglied ist. Zum Schutz
der Eltern wird in der Vereinssatzung zum Beispiel
geregelt, wie oft eine Katze Babys haben darf.

› Das Kätzchen muss bei Abgabe komplett gegen
Katzenschnupfen und -seuche geimpft und außerdem entwurmt sein.

› Ihr Kätzchen sollten Sie frühestens mit zwölf
Wochen abholen. Obwohl die Kleinen schon früher
allein fressen und die Toilette aufsuchen, benötigen sie noch Erziehung und den sozialen Kontakt
zur Mama und zu den Geschwistern. Nur so können
die Kätzchen soziales Verhalten und auch Selbstbewusstsein lernen.

› Lassen Sie sich für alle Fälle einen schriftlichen
Kaufvertrag geben, in dem die genaue Beschrei-
bung des Tieres, Geburtsdatum, Eltern, Rasse, Ge-
schlecht, Farbe und Kaufpreis genannt werden.

Rassekatzen aus zweiter Hand

Vielleicht entscheiden Sie sich dafür, ein älteres
Tier aufzunehmen. Erwachsene Maine Coons sind
verschmust und verspielt bis ins hohe Alter. Die
Persönlichkeit ist gefestigt, sie sind etwas ruhiger
und haben ihre »Flegeljahre« schon hinter sich.

› Die meisten Züchter geben hin und wieder eine
erwachsene Katze ab. Dies bedeutet nicht, dass es
sich um einen unseriösen Züchter handelt, der
gewissenlos Tiere, mit denen er nicht mehr züchten
kann, weggibt. Im Gegenteil, es geschieht zum
Wohl der Katze. Werden Katzen aus einer Gruppe
kastriert, sinkt ihr Rang innerhalb der Gruppe. Viele
Tiere fühlen sich dann nicht mehr wohl. Vielleicht
wurde der Katze auch der Trubel in einem Mehrkat-
zenhaushalt, vor allem wenn Babys da sind, zu viel.

› Im Tierheim kann man immer mal wieder Rassekatzen antreffen. Meist erfährt man hier nichts über
die Vergangenheit der Katze, da Maine Coons aber
recht anpassungsfähig sind, werden Sie nach einiger Zeit sicher einen ebenso anschmiegsamen
Hausgenossen bekommen, als wenn Sie ein Jungtier aufziehen. Allerdings sollten Sie dann mit einer
etwas längeren Eingewöhnungszeit rechnen.

Kauf aus anderen Quellen

Kaufen Sie die Katze auf keinen Fall etwa auf einem
Markt oder am Straßenrand. Solche Händler sind
meist nur auf Profit aus. Viele dieser Jungtiere sind
ungeimpft und womöglich krank. Oft lässt man sich
vom Mitleid leiten, um dieses eine Baby zu retten.
Allerdings unterstützen Sie so diese Vermehrer in
ihrem Tun, und sie werden weitermachen.

Gesundheits-Check beim Kauf

Jungtiere Ein gesundes Kätzchen hat offene, klare
Augen und eine sauberes Näschen. Der Po und das

Fell sollten sauber und weich sein. Kleine Katzen wirken rundlich. Sehr dünne Tiere, aber auch Kätzchen mit aufgeblähtem Bauch sind meist krank. Ein gesundes Kätzchen schaut aufmerksam und interessiert nach allem, was sich bewegt. Lassen Sie sich nicht abschrecken, wenn die Kleinen geschlafen haben. Dann dauert es einige Minuten, bis sie richtig wach sind.

Katzenbabys durchleben mit etwa sieben bis acht Wochen eine sogenannte »Fremdelphase«, in der sie zuerst einmal weglaufen, wenn fremde Personen kommen, und nicht hochgenommen werden möchten – selbst nicht von ihrem Züchter. Diese Phase ist völlig normal, also kein Anzeichen für eine Krankheit oder Verhaltensstörung. Setzen Sie sich hin und unterhalten Sie sich ein wenig mit dem Züchter. Nach einigen Minuten wird bei gesunden Kätzchen die Neugier siegen, und sie trauen sich wieder hervor. Diese Phase des »Fremdelns« dauert circa zwei bis drei Wochen.

Eine gute Auskunft über das Selbstbewusstsein gibt auch das Verhalten der Mutterkatze. Ist sie scheu, werden es die Kleinen vermutlich auch werden. Kommt die Mutter Ihnen zutraulich entgegen, vermittelt sie ihren Kleinen dieses Vertrauen.

Erwachsene Katze Gesunde erwachsene Tiere haben klare, offene Augen und eine saubere Nase. Das Fell sollte glänzen. Kastrierte Maine Coons neigen zu Übergewicht, sodass sie meist ein wenig »proper« sind. Auf keinen Fall sollte sie fett sein. Ist eine erwachsene Maine Coon stark untergewichtig, könnte dies auf eine Krankheit hinweisen.

Maine Coons lieben es, eng aneinander gekuschelt zu liegen. Dadurch fühlen sie sich wohl und sicher. So lässt es sich gut schlafen und entspannt relaxen.

Eine oder mehrere Katzen?

Maine Coons sind sehr kontaktfreudige Tiere, die sich ihrem Menschen enger anschließen als andere Katzen. Wenn sie zu viel Zeit allein verbringen müssen, verkümmern sie jedoch. Dies kann sich in Unsauberkeit und Zerstörungswut äußern, die Katze kann sich aber auch in sich zurückziehen und still vor sich hin leiden. Sind Sie also berufstätig oder viel unterwegs, sollten Sie zwei Tiere halten.

Katze, Kater oder Pärchen Maine-Coon-Katzen sind gutmütig und geduldig. Auffällige Unterschiede im Wesen gibt es bei den Geschlechtern nicht.

Anfallende **Kosten**

Mit diesen Kosten müssen Sie für die Anschaffung und die Pflege Ihrer Maine Coon rechnen:

EINMALIG	Anschaffung: 500 bis 700 € Kratzbaum: 100 bis 500 € Toilette, Futter-/Wassernäpfe: 20 bis 40 € Transportbox: 30 € Kastration: 70 bis 120 €
MONATLICH	Futter: 50 € Katzenstreu: 15 € Leckerli: 5 €
JÄHRLICH	Impfungen: 70 bis 100 € Wurmkuren: 20 € Parasitenprophylaxe bei Freigängern: 30 € Spielsachen: 20 €
SONSTIGES	Unerwartete Operationen: je Operation ca. 150 bis 200 € Unterbringung in einer Katzen- pension: ca. 15 €/Tag
OPTIONAL	Versicherung: 4,50 bis 22 €/ Monat – abhängig von den jeweiligen Leistungen des Versicherungsträgers

Jedes Tier hat seine eigene Persönlichkeit und ist unverwechselbar.

› Kater werden größer und imposanter als Weibchen, sind meist ein wenig anschmiegsamer und anhänglicher als Kätzinnen, aber auch sensibler. Fühlen sie sich zu wenig beachtet, sind Kater häufig schneller beleidigt. Dann muss sich der Mensch die Zuneigung mit verstärkten Streichel- und Schmuseeinheiten wieder verdienen. Kater bleiben verspielter und behalten ihr jungenhaftes Wesen.

› Maine-Coon-Damen sind verschmust und anschmiegsam, aber unabhängiger als Kater. Sie sind sich ihrer Schönheit bewusst und zeigen dies auch. Sie lieben es, auf dem Schoß ihres Menschen gestreichelt zu werden. Fühlen sie sich vernachlässigt, verlangen sie nach der ihnen zustehenden Aufmerksamkeit meist mit forderndem Miauen.

› Haben Sie sich für zwei Tiere entschieden, stellt sich die Frage, ob Pärchen, zwei Kater oder zwei Kätzinnen. Sind die beiden Miezen noch Babys, womöglich Wurfgeschwister, dann kennen sie sich und vertragen sich gut. Das ändert sich bei zwei Katerchen spätestens, wenn sie geschlechtsreif werden. Dann werden sie zu Konkurrenten. Dabei kommt es nicht nur zu durchaus lauten und heftigen Rangkämpfen, sondern auch zum geruchsintensiven Markieren des Reviers.

Katzen werden rollig. Dabei rufen sie laut nach einem interessierten Partner. Wird die Katze dann nicht gedeckt, stellt sich nach einiger Zeit die Rolligkeit erneut ein. Die Abstände werden immer kürzer, es kann passieren, dass eine Katze dauerrollig wird (→ Seite 57). Abhilfe kann man in beiden Fällen durch eine Kastration schaffen (→ Seite 57). Dadurch werden die Tiere ruhiger und gelassener. Zwei kastrierte Kater vertragen sich dann genauso gut wie zwei Weibchen oder ein Pärchen.

Grundausstattung zum Wohlfühlen

Maine Coons sind zwar recht unkomplizierte Katzen. Einige grundlegende Dinge benötigen sie trotzdem, um sich wohlzufühlen.

Die Transportbox

Wenn Sie Ihre Maine Coon abholen, benötigen Sie eine Transportbox. Gut geeignet sind Plastikboxen, bei denen bei Bedarf das Oberteil komplett abgehoben werden kann. Sie lassen sich einfach reinigen. Beim Tierarzt können besonders ängstliche Katzen zur Not in der Box behandelt werden. Und nach Operationen kann die noch narkotisierte Katze leicht in die Transportbox gelegt werden. Nicht empfehlenswert sind runde Weidenkörbe mit Metallgitter davor. Diese Körbe können angeknabbert werden, dabei kann sich die Katze verletzen. Die schlechteste Lösung wäre, die Katze auf dem Arm oder in einer offenen Tasche zu tragen.

Das braucht Ihre Maine Coon

Kratzbaum Er ist unverzichtbarer Bestandteil in einem katzengerechten Haushalt. Idealerweise hat er eine Säule, die zum Beispiel mit Sisal umwickelt ist, woran sich die Katze herrlich strecken und die Krallen wetzen kann, außerdem einige erhöhte Liegeflächen in verschiedenen Ebenen, auf denen Ihre Katze ruhen und ihre Umwelt beobachten kann. Manche Coonies lieben Hängematten, die am Kratzbaum angebracht sind. Durch das Kratzen markieren Katzen auch ihr Revier (→ Seite 31). Wegen der Größe der Maine Coons muss der Kratzbaum groß und vor allem sehr stabil sein. Gut geeignet sind Modelle mit fester Bodenplatte, damit der Kratzbaum nicht umfallen kann. Vorsicht ist bei Modellen geboten, die zwischen Boden und Decke geklemmt werden, weil sie von den schweren Katzen umgeworfen werden können. Am besten verschrauben Sie ein solches Modell in der Decke.

Schlafplatz Im Fachhandel gibt es dafür eine Vielzahl von Körben, Höhlen und Bettchen. Diese sind recht dekorativ und befriedigen unser ästhetisches

Hoch auf dem Kratzbaum hat Ihre Katze den besten Überblick. Hier kann sie stolz thronen und hat alles im Blick, was um sie herum geschieht.

Empfinden. Ihre Maine-Coon-Katze wird sie auch benutzen, aber wichtig sind sie nicht. Eine zusammengefaltete Decke oder ein weiches Kissen erfüllen denselben Zweck. Sie sollten lediglich darauf achten, dass Decke oder Kissen aus einem waschbaren Material bestehen.

Futterschale/Wassernapf Futterschalen sollten flach und groß sein. Coonies mögen es nicht, wenn ihre Schnurrhaare während des Fressens gegen den Rand des Futternapfes stoßen. Ist das der Fall, wird sie ihr Futter aus dem Napf holen und an einem anderen Ort verspeisen. Um die Näpfe leicht reinigen zu können, sollten sie aus Keramik, Porzellan, Metall oder Glas bestehen.

Katzentoilette Sie muss groß genug sein, damit sich eine ausgewachsene Maine Coon darin bequem bewegen und drehen kann. Haben Sie sich für zwei Tiere entschieden, benötigen Sie mindestens zwei Toiletten, damit es keine Engpässe gibt.

> Bei der Einstreu kann man unter verschiedenen Sorten wählen. Bei nicht klumpender Streu bleibt der Urin in der Toilette, bis der Inhalt komplett ausgetauscht wird. Mit Klumpstreu bildet der Urin feste Haufen, die dann täglich entfernt werden können.
> Zum Entfernen der Hinterlassenschaften in der Katzentoilette benötigen Sie ein Schäufelchen. Es funktioniert wie ein Sieb. Verklumpter Urin und Kot können aufgenommen werden, die unbenutzte Streu fällt zurück in die Katzentoilette.
> Reinigen Sie die Toilette nur mit Neutralreinigern. Vermeiden Sie Desinfektions- und scharfe Putzmittel. Auch wenn uns der Geruch Reinheit vermittelt, für eine Katze ist er unerträglich.

Kamm/Bürste Mit einem speziellen Kamm und einer Drahtbürste unterstützen Sie Ihre Katze beim Entfernen der losen Haare und verhelfen ihr zu einem glatten, glänzenden Fell. Wie Sie dabei vorgehen, lesen Sie auf Seite 51.

Spielzeug Im Zoofachhandel gibt es eine fast unerschöpfliche Anzahl von Jagd- und Angelspielzeug für Katzen. Aber auch eine zusammengeknüllte Papiertüte oder ein leerer Karton eignen sich hervorragend zum Spielen. Hier sind Ihrer Fantasie keine Grenzen gesetzt (→ Seite 42).

Raumgestaltung zum Wohlfühlen

Mit der Anschaffung der Grundausstattung allein ist es nicht getan. Damit sich Ihre Maine Coon auch wohlfühlen kann, sollten Sie einige Dinge beim Einrichten des Katzenhaushalts beachten. Eine Katze braucht verschiedene Zonen in ihrem Lebensraum.

Ruhezone Beliebte Plätze zum Dösen sind ein Kissen auf dem Fensterbrett oder ein erhöhter Aussichtspunkt auf dem Kratzbaum. Von hier aus kann sie aus dem Fenster sehen, oder sie hat einen guten Überblick auf eine oder mehrere Zimmertüren.

Manche Coonies beobachten das Geschehen gern von einem Versteck aus. Manchmal starten sie auch von dort aus einen spielerischen Angriff.

Für ihr Glück benötigt eine Maine Coon nicht viel. Neben sozialen Kontakten möchte sie einen Platz zum Schlafen und Dösen, Spiel- und Klettergelegenheiten und etwas Raum zum Rennen und Toben, außerdem Plätze zum Verstecken und Beobachten und einen Futterplatz getrennt von der Toilette.

Schlafplatz Er muss warm und geschützt sein. Viele Maine Coons liegen auf der Couch oder in einem Körbchen. Manche verstecken sich fast, wenn sie schlafen möchten. So kann es passieren, dass die Waschmaschine oder der Wäschetrockner als Schlafplatz gewählt wird (→ Seite 27).

Spielzone Zum Spielen benötigt die Katze Platz. Eine freie Fläche im Raum, auf der sie ungestört toben kann, ist genauso wichtig wie Möbel, unter die sie ihren Ball oder ihre Spielmaus schubsen

kann, um sie dann wieder hervorzuangeln. An zentraler Stelle sollte der Kratzbaum stehen.

Verpflegungszone Optimal ist es, wenn Futter- und Wassernapf nicht nebeneinander, sondern in getrennten Zimmern stehen. Ist dies nicht möglich, tut es auch ein Abstand von etwa zwei Metern. Die Toilette sollte an einem abgeschiedenen, gut gelüfteten Platz stehen, etwa im Badezimmer. Die meisten Maine Coons wollen während der Verrichtung ihres Geschäfts ungestört sein.

Das Zuhause vorbereiten

Der Umzug ist für eine Katze eine aufregende Angelegenheit. Sie wird aus ihrer vertrauten Umgebung gerissen, von Mutter, Geschwistern und anderen bekannten Katzen getrennt. Alles ist fremd und riecht ungewohnt. Doch mit der ihr eigenen Neugier wird sie ihr neues Zuhause bald erkunden. Damit ihr dies nicht gefährlich werden kann, müssen einige Vorbereitungen getroffen werden.

Gefahrenquellen beseitigen

› Entfernen Sie alle giftigen Pflanzen, denn Katzen knabbern gern an grünen Blättern herum. Leider

sind viele Zimmerpflanzen giftig (→ Seite 62). Stellen Sie Ihrer Mieze spezielles Katzengras zur Verfügung. Verzichten Sie auf jegliche Art von Düngemitteln. Vor allem Kätzchen spielen gern mit der Erde oder trinken das Wasser aus den Blumenuntersätzen. Vergiftungen durch Düngemittel führen in den meisten Fällen zum Tod der Katze. Stellen Sie Topfpflanzen und Schnittblumen so auf, dass Ihre Katze sie nicht erreichen kann.

› Eine große Gefahr stellen Kippfenster dar. Oft ist die Verlockung zu groß, einem Vogel oder Blatt im Wind hinterherzujagen, und Ihre Katze versucht, durch den Spalt eines geöffneten Kippfensters zu klettern. Dabei kann sie am glatten Rahmen abrutschen und sich einklemmen. Je mehr sie nun versucht, sich zappelnd zu befreien, desto tiefer rutscht sie in den Spalt. Schwere innere Verletzungen können die Folge sein. Sichern Sie alle Kippfenster mit handelsüblichen Seitengittern.

› Verstauen Sie alle Putzmittel und Medikamente in geschlossenen Schränken bzw. im Arzneischrank. Katzen sind neugierig und lecken gern an Dingen, die ihnen unbekannt sind. Auch hier besteht die Gefahr, dass sie sich vergiften.

› Maine Coons lieben die Aussicht von hoch oben, etwa vom obersten Bord Ihres Bücherregals. Um dorthin zu klettern, ist ihnen jeder Weg recht. Kleine Katzen können aber oft noch nicht abschätzen, wie hoch oder stabil manche Möbelstücke sind. So

Um ungewollte Stürze und damit Verletzungen zu vermeiden, sollten Sie Fenster mit einem speziellen, extra stabilen Katzenschutznetz sichern.

kann es passieren, dass sie abstürzen. Manchmal geht dann beim Versuch, sich zu halten, das eine oder andere zu Bruch. Bringen Sie in der ersten Zeit Ihre wertvollen Gegenstände in Sicherheit. Kennt sich Ihre Katze aus und weiß sie, von wo aus sie wohin springen kann, können Sie Ihre Einrichtung wieder in gewohnter Weise aufstellen. Auch unter den erwachsenen Katzen sind nicht alle Kletter-künstler. So kann sich eine Katze verschätzen und auf nicht geplanten Gegenständen landen. Über-prüfen Sie, dass sich dort keine spitzen Gegenstän-de befinden, an denen sie sich verletzen könnte.

› Lassen Sie kleine Gegenstände wie Büroklam-mern, Gummiringe oder Geschenkbändchen nicht herumliegen. Ihre Coonie wird damit spielen wol-len, doch die Gefahr, dass sie die kleinen Teile ver-schluckt oder sich an Bändchen erwürgt, ist groß.

› Räumen Sie Handarbeitszeug oder Werkzeug nach Gebrauch immer weg. Spitze Strick- oder Näh-nadeln oder Schraubenzieher und Bohrer haben schon zu schweren Verletzungen geführt.

› Katzen lieben es mit Plastiktüten zu spielen. Sie rascheln, und man kann herrlich hineinkriechen. Leider sind schon viele Kätzchen darin erstickt, da sie sich verheddert haben. Verstauen Sie Ihre Plas-tiktüten so, dass Ihre Coonie keinen Zugang hat.

› Katzen suchen gern dunkle Höhlen auf, in denen sie sich verstecken und schlafen. Die Trommeln von Waschmaschinen und Trocknern eignen sich, aus Katzensicht, hierfür hervorragend. Immer wieder hört man Geschichten von Katzen, die ein unfreiwil-liges Bad in der Trommel überlebt haben. Von den unzähligen Katzen, die während des Waschvorgangs starben, hört man nichts. Gewöhnen Sie sich an, die Türen der Geräte immer zu schließen. Kontrol-lieren Sie aber vorher, ob sich Ihre Mieze nicht schon zu einem Nickerchen dorthin zurückgezogen

Viele Katzen knabbern gern an den Blättern von Pflanzen. Damit sie dies gefahrlos tun können, bie-tet der Zoofachhandel ungiftiges Katzengras an.

hat. Das gilt ebenfalls für offene Schränke und Schubladen. Leider passiert es immer wieder, dass die Lade oder die Tür geschlossen wird und die Katze stundenlang eingesperrt ist.

Transport nach Hause

Haben Sie Ihre Wohnung katzensicher gemacht, steht dem Einzug des neuen Mitbewohners nichts mehr im Weg. Zu Hause angekommen, stellen Sie die Transportbox auf den Boden und öffnen die Tür. Lassen Sie Ihrer Katze Zeit und versuchen Sie nicht, sie mit Gewalt aus der Box zu ziehen. Spre-chen Sie ruhig mit ihr. Die Neugier wird siegen, und Ihre Katze wird ihr neues Heim inspizieren.
Locken Sie Ihren kleinen Liebling mit Leckerlis. Die meisten Maine Coons sind bestechlich. Mit kleinen Leckereien verbindet die Katze etwas Angenehmes, und das Vertrauen zu Ihnen wird verstärkt.

Eingewöhnen ins neue Heim

Wenn Sie Ihr Baby mit drei Monaten bekommen, entspricht das einem Menschenalter von etwa vier Jahren. Die Kätzchen können selbstständig fressen, sich putzen und gehen auf ihre Toilette. Trotzdem brauchen sie noch eine Anleitung, was im Haushalt erlaubt ist und was nicht. Im Alter von acht bis zwölf Monaten kommen Katzen oft in die »Flegeljahre«. Dann bringen sie ihre Menschen häufig fast zum Verzweifeln. Man merkt den Rabauken an, dass sie wissen, was sie dürfen und was nicht, doch sie probieren es trotzdem. Seien Sie in dieser Zeit besonders konsequent und bestehen Sie auf die Einhaltung Ihrer Regeln. Mit einem Jahr ist das Kätzchen erwachsen, und Ihre Erziehung trägt Früchte. Die Katze wird ruhiger, sie weiß, wie sie sich verhalten soll und hält sich meist daran.

Die meisten Maine Coons verlassen neugierig die Transportbox. Ist Ihr neuer Liebling ein kleiner Angsthase, sollten Sie ihm Zeit lassen.

Die ersten Tage

Damit Ihr Kätzchen den bestmöglichen Start in sein neues Leben hat, sollten Sie den Umzug und die ersten Tage stressfrei gestalten. Vereinbaren Sie mit dem Züchter als Zeitpunkt zur Übergabe ein Wochenende, oder nehmen Sie sich ein paar Tage frei. Lassen Sie Ihr neues Kätzchen in Ruhe sein unbekanntes Zuhause erkunden.

Um ihm dies zu erleichtern, sollten Sie ihm in den ersten ein bis zwei Tagen ein Zimmer zuweisen. Stellen Sie Futter, Wasser, Spielsachen und auch eine Katzentoilette in dieses Zimmer. Das Baby kann sich in aller Ruhe umsehen und alle Ecken und Verstecke erkunden. So findet es sich leichter zurecht und fühlt sich schneller heimisch. Eine gesunde, selbstbewusste Maine Coon wird nach kurzer Zeit darauf drängen, das Zimmer verlassen zu dürfen, um die weitere Wohnung zu erkunden.

Wichtig Um Ihrer Maine Coon zusätzlich zum Umzugsstress auch noch eine Futterumstellung zu ersparen, sollten Sie beim Züchter oder Vorbesitzer erfragen, womit sie gefüttert wurde. Dieses Futter geben Sie Ihrer Katze. Möchten Sie ihr anderes Futter anbieten, warten Sie bitte, bis sie sich eingewöhnt hat. Dann können Sie das neue Futter langsam unter das gewohnte mischen und so allmählich umstellen.

Kennenlernen aller Mitbewohner

Es ist verständlich, dass alle Familienmitglieder, Verwandte und Bekannte ebenfalls neugierig auf Ihre Coonie sind. Stellen Sie die Mitglieder des Haushalts Ihrer Katze einzeln vor. Viele fremde Menschen flößen einer Katze oft Angst ein, gerade in einer neuen Umgebung, in der sie sich selbst noch nicht auskennt.

Bitten Sie Ihre Freunde, mit dem Antrittsbesuch einige Tage zu warten. Das Kätzchen hat sich dann schon etwas eingewöhnt und wird aufgeschlossener und interessierter auf Fremde zugehen.

Vertrauensbildende Maßnahmen

Je schneller Ihre Katze Vertrauen zu Ihnen fasst, desto schneller können Sie zur gewohnten Tagesordnung übergehen. Die Liebe geht wie bei allen Katzen auch bei Maine Coons über den Magen. Locken Sie Ihr Kätzchen und verwöhnen es mit Leckerlis (→ Seite 40). Nach kurzer Zeit wird sie sich an Sie gewöhnt haben.

Alle Katzen haben ein sehr gutes Zeitempfinden. Sie wissen genau, wann Herrchen und Frauchen morgens aufstehen, wann es Futter gibt oder wann ihre Menschen von der Arbeit kommen. Richten Sie feste Fütterungs- und Spielzeiten ein. Ein geregelter Tagesablauf gibt der Katze Sicherheit (→ Seite 32).

Maine Coon und Kinder

Ihren älteren Kindern können Sie erklären, dass Tiere kein Spielzeug sind und wie sie sich Katzen gegenüber verhalten müssen. Kleinkinder sind dagegen oft recht unbeholfen und können zu Tieren unbewusst recht grob sein. Lassen Sie Ihr Kind am Anfang nicht mit Ihrer Maine Coon allein. Zeigen Sie ihm, wie es die Katze streicheln darf. Coonies lassen sich zwar nicht alles gefallen, sie können aber durchaus unterscheiden, ob sie ein Erwachsener oder ein Kind streichelt. Oft nehmen sie von einem Kind viel mehr hin als von einem Erwachsenen. Stellen Sie jedoch sicher, dass Ihre Maine Coon immer einen Platz hat, wohin sie sich zurückziehen kann und den Ihr Kind nicht erreichen kann.

Was tun mit **scheuen Tieren?**

TIPPS VON DER
MAINE-COON-
EXPERTIN
Birgit Kieffer

Maine Coons sind meist neugierig und selbstbewusst. Hin und wieder dauert es bei manchen Individuen allerdings etwas länger, bis sie sich in ihrem neuen Heim wohlfühlen. Dies hilft:

AUSREICHEND ZEIT LASSEN Bei sehr scheuen Tieren kann es einige Wochen dauern, bis es sich an die fremde Umgebung gewöhnt und Zutrauen gefasst hat.

NICHT BEDRÄNGEN Versuchen Sie nicht, das Kätzchen ständig hochzunehmen und stürmen Sie nicht darauf zu. Es wird fliehen. Warten Sie geduldig, bis es von selbst auf Sie zukommt.

NICHT ÄNGSTIGEN Schauen Sie die Katze nicht ständig an und vermeiden Sie laute Geräusche und hektische Bewegungen. Dadurch fühlt sie sich bedroht und versteckt sich noch mehr.

LOCKEN Am besten gehen Sie Ihrem gewohnten Tagesablauf nach und beachten das Katzenkind nicht. Wagt es sich nach einiger Zeit aus dem Versteck, loben Sie es überschwänglich. Geben Sie ihm ein paar Leckerlis. So zeigen Sie ihm, dass es sich lohnt, das Versteck zu verlassen.

Anfangs ist die Katze noch scheu. Deshalb müssen Sie in der Eingewöhnungsphase geduldig sein und dürfen Ihre Coonie nicht bedrängen.

Liebe geht durch den Magen, die meisten Maine Coons sind bestechlich. Ab und zu eine kleine Leckerei, und Ihre Katze wird schnell zutraulich werden.

An andere Tiere gewöhnen

Sobald Ihre Maine Coon nach ein oder zwei Tagen Eingewöhnung die gesamte Wohnung erkunden möchte, stellen Sie ihr auch die anderen tierischen Mitbewohner vor.

Katzen Das Aneinandergewöhnen eines Maine-Coon-Babys an eine andere Katze wird vermutlich nicht zu lang dauern. Kleine Kätzchen genießen bis zu einem Alter von etwa fünf Monaten einen sogenannten Welpenschutz. Eine normale erwachsene Katze wird einem Jungtier nichts tun. Wahrscheinlich wird das Katzenbaby einen großen Buckel machen, sobald es die große Katze sieht, und sie anfauchen. Es will zeigen, wie gefährlich es ist. Etwas schwieriger wird es, wenn Ihre neue Maine Coon bereits erwachsen ist. Da sich diese Rasse aber durch ihr verträgliches, gelassenes Wesen auszeichnet, kommen Coonies auch mit anderen Katzen gut zurecht. Allerdings kann dann die Zeit des Aneinandergewöhnens zwei Wochen oder länger dauern. Fauchen, Buckel machen und skeptisches Beobachten gehören in dieser Zeit zum normalen Verhalten zweier Katzen. Bekämpfen sie sich, sperren Sie die »Neue« in ihr Zimmer und wiederholen das Kennenlernen später.

Wichtig Auch wenn der Neuzugang erst einmal fremd und niedlicher ist, schenken Sie in dieser Zeit Ihrer »Erstkatze« besonders viel Aufmerksamkeit und Zuwendung, damit sie nicht eifersüchtig wird.

Hunde Am einfachsten gewöhnen sich Maine Coon und Hund im Babyalter aneinander. Doch da Coonies im Verhalten oft eher Hunden ähneln als Katzen, wird sie sich nach kurzer Zeit mit dem Hund anfreunden. Die Größe des Hundes spielt dabei keine Rolle. Selbstverständlich findet der erste Kontakt zwischen Ihrem Hund und Ihrer Maine-Coon-Katze unter Ihrer Aufsicht statt. Wahrscheinlich wird Ihre Coonie erst einmal einen großen Buckel machen und fauchen. Nach kurzer Zeit wird ihre Neugier siegen, und sie wird sich den haarigen Mitbewohner genauer ansehen.

Zur Gewöhnung an kleinere Tiere → Seite 9

Verstehkurs Katze – Mensch

Für einen reibungslosen Ablauf im Alltag ist es wichtig, dass Katze und Mensch wissen, was der jeweils andere mit seinem Verhalten und seinen Gesten ausdrücken möchte.

Was will mir meine Katze sagen?

Maine Coons haben ein schier unerschöpfliches Repertoire, um auszudrücken, was sie von uns möchten. Meist verstehen wir intuitiv, was uns die Katze sagen will. Doch manche Verhaltensweisen lassen sich erst erklären, wenn wir auf die wilden Artgenossen der Maine Coons schauen. Denn in jeder Maine Coon schlummert noch deren Erbe, obwohl sie sich im Lauf der Zeit fast perfekt an das Leben mit Menschen angepasst haben.

Territorialverhalten Die Vorfahren der Maine Coons mussten um ihre Nahrung kämpfen. Damit sie genügend Beute jagen konnten, ist es notwendig, ihr Revier vor unerwünschten Eindringlingen zu verteidigen. Die Weibchen bewachen ihr Revier, um ihren Nachwuchs zu schützen.

Eine Maine Coon muss im Haus weder um Nahrung kämpfen noch mit anderen Katzen um Paarungspartner konkurrieren. Trotzdem inspizieren alle Katzen mehrmals täglich ihr Revier. Alle Veränderungen werden genauestens untersucht und mit einer Mischung aus Neugier und Misstrauen begutachtet.

Jagd- und Beutetrieb Die Fähigkeit zu jagen, ist Katzen angeboren. Deshalb sind Jagdspiele bei Katzen so beliebt. Ihre Maine Coon wird alles belauern, was sich bewegt. Wenn Sie mit Ihrer Katze Jagdspiele machen, lassen Sie sie ab und zu die »Beute« fangen. Sonst wird Ihre Coonie frustriert.

Kratzen Um in der Wildnis überleben zu können, benötigen Maine Coons scharfe Krallen. Sie fangen damit ihre Beute und klettern auf Bäume. Zum Schärfen der Krallen müssen sie Maine Coons regelmäßig an einem rauen Gegenstand wetzen. Dafür ist zum Beispiel der Kratzbaum unabdingbar. Außerdem hinterlassen sie dabei auch Duftstoffe aus Drüsen zwischen den Pfoten, die der Kommuni-

Alle Maine Coons »sprechen« gern. Die tägliche Unterhaltung mit Ihrer Katze sollte zu einer lieben Gewohnheit werden.

kation dienen. Diese Duftstoffe sind für uns nicht wahrnehmbar, andere Katzen wissen aber genau, wer zuletzt diesen Gegenstand markiert hatte.

Nuckeln Manche Katzen haben die Angewohnheit, an Haut und Haaren ihres Menschen oder auch an Decken, Kissen usw. zu nuckeln. Sie versetzen sich dann in ihre Babyzeit zurück, als sie an den Zitzen der Mutter saugten. Dies vermittelt ihnen ein Gefühl von Geborgenheit. Ob Sie das Nuckeln an Ihnen zulassen, bleibt Ihnen überlassen.

So spricht Ihre Maine Coon

Wild lebende Katzen kommunizieren nur selten durch Töne, sondern über Körpersprache (→ siehe unten). Trotzdem sind Maine Coons gesprächige Katzen. Sie haben gelernt, dass die Kommunikation mit dem Menschen über die Stimme erfolgt und nutzen diese Erkenntnis ausgiebig, um meist nachhaltig miauend Futter einzufordern, jammernd zu miauen, wenn sie eine Tür geöffnet haben möchten, oder um ihrem Menschen »Geschichten« zu erzählen. Musste eine Maine Coon den ganzen Tag allein zu Hause verbringen, wird sie Ihnen bei Ihrer Rückkehr ihr Leid klagen. Und hat sie etwas Aufregendes erlebt, wird sie es Ihnen ausführlich erzählen. Wenn möglich, nehmen Sie sich die Zeit, hören Sie zu und schenken Sie Ihrer Katze ein wenig Aufmerksamkeit, indem Sie ihr »antworten«.

Coonies Körpersprache

Dies ist die wichtigste Art der Kommunikation. So zeigt eine Maine Coon deutlich, wie sie sich fühlt.
› Ruhig und freundlich gestimmt: Die Ohren zeigen entspannt nach vorn, die Schnurrhaare hängen leicht, und der Schwanz liegt ruhig am Boden.
› Die Katze möchte etwas haben: Sie streicht mit hoch erhobenem Schwanz um Ihre Beine.

Hat Ihre Maine Coon erst einmal gelernt, dass sie Futter erbetteln kann, wird sie diese Erkenntnis ausgiebig nutzen und ständig Leckerlis fordern.

Rituale geben Sicherheit

Maine Coons haben feste Gewohnheiten, auf die sie großen Wert legen. Versuchen Sie im täglichen Leben einige Rituale zu integrieren.

BEGRÜSSUNG Begrüßen Sie Ihre Katze immer, wenn Sie nach Hause kommen, und verabschieden Sie sich von ihr, wenn Sie weggehen.

FESTE ZEITEN Verschaffen Sie Ihrer Maine Coon einen angenehmen Start in den Tag, indem Sie nach dem Aufstehen fünf Minuten mit ihr schmusen. Geben Sie ihr einmal täglich ein Leckerli und halten Sie feste Spiel- und Fütterungszeiten ein.

UNBEKANNTES Lassen Sie die Katze an Ihren Einkäufen riechen, damit sie die fremden Gerüche einordnen kann.

› Etwas hat die Aufmerksamkeit Ihrer Maine Coon erregt: Die Ohren sind gespitzt, die Schnurrhaare nach vorn gerichtet, der Körper ist angespannt.
› Ihre Katze fühlt sich so richtig wohl: Sie räkelt sich wohlig auf dem Rücken, die Augen sind geschlossen, und die Pfoten streckt sie weit von sich.

So versteht die Katze Ihre Signale

So wie wir die Katze verstehen wollen, versuchen Maine Coons ebenfalls, unser Verhalten zu interpretieren. Dabei bedeuten viele unserer Handlungsweisen in der Katzenwelt etwas anderes und bewirken oft das Gegenteil dessen, was wir bezwecken.

› Katzen mögen keinen Lärm und keinen Stress. Bewegen Sie sich hektisch und klingt Ihre Stimme lauter als sonst, bedeutet dies für eine Maine Coon Gefahr. Sie ist verunsichert und zieht sich zurück.
› Maine Coons haben einen besonderen Sinn: Sie nehmen Veränderungen in ihrer Umwelt wahr, bevor der Mensch sie selbst erkennt. So können sie die Stimmung ihres Menschen erfühlen. Sind Sie also ungeduldig oder schlecht gelaunt, wird Ihre Katze selbst gereizt reagieren. Sind Sie entspannt und ruhig, wird Ihre Coonie es ebenfalls sein.
Tipp Blinzeln Sie Ihre gereizte Katze an, das beruhigt sie und signalisiert: »Keine Gefahr!«

Verstecken, auflauern und die Beute erjagen. Damit kann sich eine Maine Coon stundenlang beschäftigen. Noch besser gefällt ihr das Spiel natürlich, wenn sie sich mit einem Kameraden austoben kann.

Erziehung für die Katz'

Katzen gelten als nicht erziehbar. Sie gehen nicht »bei Fuß« und machen nicht auf Kommando Männchen. Für ein harmonisches Zusammenleben müssen sie sich dennoch an einige Regeln halten. Maine Coons sind gern in Gesellschaft. Sie folgen ihrem Menschen oft auf Schritt und Tritt. Als intelligente und gelehrige Katzen lieben sie es, kleinere Aufgaben zu lösen und ihre Geschicklichkeit zu zeigen. Diese Eigenschaften kann man sehr gut dazu verwenden, Maine Coons zu erziehen.

So gelingt die Erziehung

Damit das Zusammenleben mit Ihrer Maine Coon für alle Seiten harmonisch ist, sollten Sie bei der Erziehung einige Dinge beachten.

Ab wann erziehen? Kommt ein kleines Maine-Coon-Kätzchen ins Haus, werden alle sein lustiges Treiben beobachten. Es sieht niedlich aus, wenn das Kleine die Zimmerpflanzen untersucht oder auf alles klettert, was es irgendwie erreichen kann. Ist aus dem Baby eine stattliche Katze geworden, ist es nicht mehr lustig, wenn sie versucht, an den Vorhängen hochzuklettern. Beginnen Sie deshalb bereits am Tag des Einzugs mit der Erziehung. So lernt sie von Anfang an, was sie darf und was nicht.

Bleiben Sie konsequent! Was heute verboten ist, darf morgen nicht erlaubt sein. Eine Maine Coon braucht und möchte feste Regeln. Sie wird es nicht verstehen, wenn sie an einem Tag ins Schlafzimmer darf, am nächsten Tag ist dies verboten.

Erziehung von allen gleich! Alle Familienmitglieder müssen an einem Strang ziehen. Es verwirrt die Katze, wenn sie von einem Familienmitglied zum Beispiel vom Tisch verscheucht wird, ein anderes erlaubt ihr, sich darauf niederzulassen.

Erziehung darf nicht wehtun! Benutzt Ihr Kätzchen zum Beispiel das Sofa als Kratzgelegenheit, so sagen Sie in einem scharfen Ton »Nein«. Die meisten Kätzchen kennen dieses Wort schon vom Züchter und reagieren darauf. Ignoriert Ihr Kätzchen dies, so können Sie Ihrem Verbot mit einer Wasserspritze Nachdruck verleihen. Diese sollten Sie dazu immer in Reichweite haben. Stellt Ihr kleiner Liebling etwas an, spritzen Sie ihn kommentarlos nass, er darf aber nicht sehen, dass der Wasserstrahl von Ihnen kam. Obwohl Ihre Coonie nicht wasserscheu ist, wird sie erschrecken und von ihrem Vorhaben ablassen. Nehmen Sie dann Ihr Kätzchen und setzen es an seinen Kratzbaum. So ist es einer-

Mit einem kleinen Leckerli als Belohnung können Sie die Erziehung effizient unterstützen.

seits von seinem Vorhaben, am Sofa zu kratzen, abgelenkt, andererseits hat es gleich eine Alternative zum Kratzen.

Erziehung zum richtigen Zeitpunkt! Hat Ihr Kätzchen etwas angestellt und Sie merken das Malheur erst später, schimpfen Sie es nicht. Es kann keinen Zusammenhang zwischen der Tat und dem Schimpfen herstellen. Beheben Sie den Schaden und gehen Sie zur Tagesordnung über.

Den Namen lernen

Am einfachsten und schnellsten gelingt dies, wenn Ihr Kätzchen seinen Namen mit etwas Positivem in Verbindung bringt. Sprechen Sie es beim Füttern und Streicheln möglichst häufig mit seinem Namen an. Sagen Sie ihn aber in einem ruhigen, freundlichen Ton. So wird es schnell darauf hören. Hat Ihre Katze dagegen etwas angestellt, bleiben Sie bei einem scharfen »Nein«. Vermeiden Sie es, bei unangenehmen Situationen den Namen zu nennen.

Stubenrein werden

Katzen lernen bereits im Babyalter von der Mutter, die Katzentoilette zu benutzen. Wenn Sie Ihr Baby vom Züchter abholen, ist es also schon stubenrein. Allerdings kann es hin und wieder passieren, dass die Kleinen so in ihr Spiel vertieft sind, dass sie nicht bemerken, wann sie auf die Toilette müssen. Fällt es ihnen dann ein, ist es dringend, und sie haben keine Zeit mehr, nach der Toilette zu suchen. Es kann auch sein, dass der Weg dorthin zu weit ist und die kleine Katze es nicht mehr schafft. Schimpfen Sie dann ihr Kätzchen nicht, denn es steckt keine Absicht dahinter. Besser ist es, für die Zeit, bis das Kätzchen größer ist, eine zweite Toilette aufzustellen. Auf keinen Fall dürfen Sie das Kleine mit dem Schnäuzchen in die Pfütze tauchen. Damit

Erziehen mit Clickertraining

TIPPS VON DER MAINE-COON-EXPERTIN
Birgit Kieffer

ERZIEHUNG DURCH POSITIVES LERNEN

Ist Ihnen schon mal aufgefallen, dass Ihre Katze gelaufen kommt, wenn Sie den Schrank öffnen, in dem das Futter steht? Ursprünglich hatte das Geräusch der sich öffnenden Schranktür keinerlei Bedeutung für die Katze. Mit der Zeit hat sie gelernt, dass das Öffnen der Schranktür eine positive Konsequenz für sie hat – sie bekommt Futter. In der Psychologie nennt man diese Lernvorgänge klassisches Konditionieren. Das können Sie sich bei der Erziehung Ihrer Katze zunutze machen.

SO GEHT ES Das Geräusch des Clickers, einer Art Knackfrosch, hat keine Bedeutung für die Katze. Geben Sie ihr ein Leckerli und clicken gleichzeitig, verbindet die Katze nach kurzer Zeit das Geräusch mit der Belohnung. Macht Ihre Katze jetzt etwas richtig, benutzt sie zum Beispiel den Kratzbaum statt der Couch, clicken Sie in diesem Moment und geben ihr sofort eine Belohnung. Da Ihre Katze gern mehr Leckerlis möchte, wird sie dieses Verhalten wiederholen und erneut am Kratzbaum kratzen. So können Sie ohne zu strafen Ihre Coonie zu richtigem Verhalten bringen.

zerstören Sie das Vertrauensverhältnis. Merken Sie, dass sich Ihr Kätzchen suchend umsieht, nehmen Sie es und tragen es in die Toilette. Verrichtet es brav sein Geschäftchen, loben Sie es ausführlich. Haben Sie eine erwachsene Katze ins Haus geholt, die beim Vorbesitzer stubenrein war, bei Ihnen aber die Katzentoilette nicht benutzt, dann sollten Sie überprüfen, ob die Toilette den Ansprüchen Ihrer Katze genügt (→ Seite 24).

Tabus für die Katze

Einige Dinge sollten trotz aller Toleranz und Katzenliebe für Ihren Liebling verboten sein und bleiben.

Essen klauen vom Tisch Maine Coons klauen gern. Es ist spannend, Dinge vom Tisch oder Regal zu angeln und damit zu spielen. Erhascht sie dabei einen Kugelschreiber oder fällt das Brillenetui zu Boden, ist das für uns zwar unangenehm, aber es kann der Katze nichts passieren. Viel interessanter ist es für eine Maine Coon, am gedeckten Tisch auf Diebestour zu gehen und zu versuchen, dort das eine oder andere Leckerli zu erhaschen. Leider sind nicht alle Lebensmittel, die wir gern mögen, für Katzen verträglich. So können zum Beispiel Zwiebeln oder Schokolade für Katzen sogar tödlich sein.

Küche Eine der hervorstechendsten Eigenschaften einer Maine Coon ist ihre Neugier. Sie möchte am täglichen Leben beteiligt sein. Deshalb ist es nicht verwunderlich, dass die Arbeitsplatte in der Küche eine große Anziehungskraft auf Katzen dieser Rasse ausübt. Hier kann sie genau beobachten, was vor sich geht. Plätze, an denen Lebensmittel verarbeitet werden, sollten für Katzen tabu sein. Auch wenn Ihre Katze gesund ist und nicht ins Freie darf, wenn sie gegen alle gängigen Krankheiten geimpft und entwurmt ist, kann sie trotzdem von der Katzentoilette verschmutzte Pfoten haben. Außerdem besteht die Gefahr, dass sie sich die Pfoten auf der heißen Herdplatte verbrennt oder sie sich an heißen Kochtöpfen, spritzendem Fett oder heißem Wasserdampf verletzt. Verbieten Sie Ihrer Coonie von Anfang an und mit freundlicher Bestimmtheit den Sprung auf die Arbeitsplatte.

Bei aller Liebe und Zuneigung gibt es sicher einige Dinge, die Sie Ihrer Katze nicht erlauben wollen. Mit einem festen »Nein« und viel Lob für richtiges Verhalten gelingt die Erziehung leicht.

Das wünscht sich Ihre Maine Coon

Jede Maine Coon ist einmalig und möchte deshalb als Individuum behandelt werden. Einige grundlegende Regeln gelten dennoch für alle. Halten wir uns daran, tragen wir viel dazu bei, dass sich unsere Katze bei uns wohlfühlt.

Tut gut

- (+) Maine Coons möchten nicht allein sein. Dann langweilen sie sich und verkümmern. Ideal ist neben dem menschlichen Gefährten eine weitere Katze. Aber auch Hunde oder andere Tiere werden gern akzeptiert.

- (+) Zieht sich Ihre Maine Coon zum Schlafen zurück, stören Sie sie nicht.

- (+) Maine Coons sind intelligent und wollen gefordert werden. Denken Sie sich Spiele aus, bei denen Ihre Katze ihre geistigen und körperlichen Fähigkeiten einsetzen muss.

- (+) Kraulen Sie Ihre Coonie an den Ohren und unter dem Kinn. Selig geschlossene Augen und ein sanftes Schnurren zeigen Ihnen, wie gut ihr das gefällt.

Besser nicht

- (−) Maine Coons lieben es, sanft gekrault zu werden. Vermeiden Sie es jedoch, gegen die Fellrichtung zu streicheln. Dies ist für die Katze unangenehm, und sie wird schnell flüchten.

- (−) Hektische Bewegungen und laute Geräusche sind für Katzen unangenehm und verursachen Stress.

- (−) Bei erwachsenen Katzen ist der Biss in den Nacken ein Angriff. Heben Sie Ihre Katze am Nacken hoch, fühlt sie sich angegriffen und wird sich wehren.

- (−) Katzen haben einen ausgeprägten Geruchssinn. Parfüm und andere künstliche Duftstoffe mögen sie nicht. Zudem verfälschen Sie Ihren vertrauten Geruch.

Mit Maine Coons leben

Ihre Maine Coon ist nun eingezogen, der Haushalt entsprechend eingerichtet. Damit sie bei Ihnen ein langes, gesundes und glückliches Leben führen kann, sollten Sie auch bei der Ernährung und Gesundheitsvorsorge einige Punkte beachten.

Maine Coons gesund ernähren

Als Raubtiere fressen wild lebende Katzen das Fleisch der Tiere, die sie erlegt haben. Dadurch erhalten sie alle notwendigen Nährstoffe, Vitamine und Mineralien. Hauskatzen sind bei der Ernährung auf uns angewiesen. Es ist unsere Pflicht, die Katzen ausgewogen und gesund zu füttern.

Fertigfutter

Am einfachsten und sichersten füttern Sie Ihren Stubentiger mit Fertignahrung. Sie enthält alle lebenswichtigen Nährstoffe in der richtigen Ausgewogenheit. Fertigfutter bekommen Sie im Zoofachhandel. Es stellt meist die Hauptnahrungsquelle für unsere Hauskatzen dar. Für welche Geschmacksrichtung sich Ihr Liebling entscheidet, finden Sie am besten durch »Versuch und Irrtum« heraus. Man unterscheidet zwischen Feucht- und Trockenfutter. Beide sind als Alleinfutter für Katzen ausge-

wiesen und garantieren eine vollständige, ausgewogene Ernährung. Es gibt spezielles Trockenfutter für Maine Coons mit besonders großen Stückchen, damit die Katze richtig kauen muss. Verfüttern Sie nur diese Art von Futter, müssen Sie darauf achten, dass Ihre Katze viel trinkt, denn Trockenfutter ist beim Herstellungsprozess das Wasser vollständig entzogen worden. Dadurch ist es aber lang haltbar.

Junge Katzen Sie benötigen mehr Energie. Gleichzeitig brauchen sie Futter, das sie mit ihren kleinen Zähnchen zerkleinern können. Dem hat die Industrie Rechnung getragen, indem sie spezielle Produkte für Katzenkinder entwickelt hat.

Katzensenioren Auch bei ihnen muss die Ernährung ihren Bedürfnissen angepasst werden. Eine in die Jahre gekommene Katze ist kaum noch aktiv. Vielleicht musste so mancher Zahn vom Tierarzt entfernt werden. Auch hier hat die Industrie spezielle, auf die Bedürfnisse der älteren Katze abgestimmte Futtermittel entwickelt.

Richtig füttern

› Um herauszufinden, wie viel Futter Ihre Katze braucht, geben Sie eine abgewogene Menge in den Napf. Signalisiert die Katze, dass sie genug hat, entfernen Sie die Futterreste aus dem Napf und säubern diesen mit heißem Wasser. Beim nächsten Mal bekommt die Katze dann entsprechend weniger Futter. Da Katzen gern den ganzen Tag über kleinere Mengen fressen, sollte ihnen etwas Trockenfutter immer zur Verfügung stehen.

› Erwachsene Tiere bekommen zwei Mahlzeiten pro Tag: eine morgens und eine abends.

› Da junge Katzen schnell wachsen, aber einen kleinen Magen haben, sollten sie mehrmals pro Tag gefüttert werden. Kätzchen im Alter von vier bis fünf Monaten bekommen drei bis vier Mahlzeiten, im Alter von sechs bis zehn Monaten zwei bis drei Mahlzeiten. Orientieren Sie sich bei der Menge an den Empfehlungen der Hersteller. Diese Angaben sind jedoch nur Richtwerte. Gerade in der Wachstumsphase ist es wichtig, dass immer genug Futter zur Verfügung steht. Hat Ihr Kätzchen also noch Hunger, bekommt es einen Nachschlag.

Trinken

Das beste Getränk für Ihre Katze ist Wasser. Es sollte immer in ausreichender Menge zur Verfügung stehen. Häufig »trinken« Maine Coons aus der Pfote. Das heißt, sie tauchen die Pfote in den Wassernapf und schlecken das Wasser ab.

Katzenmilch Ein noch immer weit verbreiteter Irrtum ist, dass für Katzen eine Schale Milch der Inbegriff der fürsorglichen Pflege ist. Doch davon kann die Katze Durchfall bekommen. Die Industrie fertigt deshalb spezielle Milch für Katzen. Diese Katzenmilch können Sie unbedenklich füttern. Sie sollte aber keinesfalls Wasserersatz sein, sondern ist eher als Leckerli gedacht.

Leckerlis

Leckerbissen dienen vor allem als Belohnung oder kleine Aufmerksamkeit zwischendurch. Snacks, die wir Menschen bevorzugen, wie zum Beispiel Pralinen oder Chips, aber auch alle gewürzten Speisen,

Maine Coons naschen öfter am Tag kleine Häppchen und trinken dazu. Wasser und Trockenfutter sollten daher immer zur Verfügung stehen.

sind für Katzen ungeeignet. Es gibt aber im Fachhandel spezielle Leckerlis in den verschiedensten Geschmacksrichtungen.

Häufig sind Leckerlis mit Vitaminen, Zusatzstoffen und Mineralien angereichert. Sie sind trotzdem kein vollwertiges Futter. Auch wenn Ihre Maine Coon Leckerlis viel lieber mag, sollten sie niemals eine vollständige Mahlzeit ersetzen.

Katzengras

Viele Katzen fressen häufig Gras. Man nimmt an, dass sie die Folsäure, die im Gras enthalten ist, als Nahrungsergänzung benötigen. Zudem hängt es damit zusammen, dass Maine Coons durch das Abschlecken des Fells sehr viele Haare verschlucken. Diese verklumpen im Magen. Um sie wieder loszuwerden, erbricht die Katze diese Ballen. Katzengras erleichtert die Bildung der Haarballen und unterstützt den Brechreiz.

Bitte beachten

› Geben Sie Ihrer Katze nie rohes Schweinefleisch, es können Aujeszky-Viren enthalten sein. Eine Infektion damit führt bei Katzen zum Tod. Schützen Sie Ihre Maine Coon, indem Sie das Fleisch gut durchkochen, bevor Sie es anbieten.

› Kaltes Futter tut dem kleinen Magen Ihrer Coonie nicht gut. Außerdem kann sie es dann nicht riechen und frisst es nicht. Die Nahrung sollte deshalb immer zimmerwarm sein.

› Das Füttern mit Essensresten bekommt Ihrer Maine Coon nicht, da sich ihr Bedarf erheblich von dem der Menschen unterscheidet.

› Eine erwachsene, gesunde Katze bekommt über das Futter alle nötigen Nährstoffe, Vitamine, Mineralstoffe und Spurenelemente. Sie braucht keine weiteren Zusatzstoffe, um gesund zu bleiben.

Achtung – dicke Katze

TIPPS VON DER MAINE-COON-EXPERTIN
Birgit Kieffer

WORAN ERKENNT MAN EINE DICKE KATZE?
Maine Coons sind groß, kräftig und stabil gebaut. Können Sie beim Streicheln jedoch die Rippen nicht mehr ertasten, ist Ihre Katze zu dick.

WARUM ZU DICK? Kastrierte Katzen, die im Haus gehalten werden, neigen häufig zu Übergewicht. Durch den verringerten Hormonspiegel ist der Drang, das Revier nach Feinden oder Partnern abzusuchen, stark vermindert. Die Katzen sind nicht mehr so aktiv. Sind sie auch noch häufig allein und haben wenig Anregung zum Spielen, werden sie faul und bequem. Manche Katzen fressen auch aus Langeweile.

WAS TUN? Es ist nicht damit getan, das Futter zu reduzieren. Die Katze leidet Hunger, im schlimmsten Fall kann sie krank werden. Inzwischen gibt es Diätfutter speziell für Katzen mit vermindertem Energiebedarf. Zusätzlich sollten Sie Ihre Katze zu mehr Bewegung animieren, etwa durch Spielen oder Verstecken des Trockenfutters, das sie dann suchen muss. Sie können das Futter auch erhöht aufstellen, sodass die Katze klettern muss, um es zu erreichen.

Beschäftigung und Spiel

Damit eine Maine Coon, die nur in der Wohnung lebt, glücklich und ausgeglichen ist, braucht sie zahlreiche Möglichkeiten, um ihre natürlichen Verhaltensweisen wie das Erforschen neuer und vertrauter Gerüche im Revier oder das Jagen und Angeln nach Beute ausleben zu können. Deshalb sollten die Spiele möglichst alle Sinne Ihrer Katze ansprechen.

Tipp Geben Sie Ihrer Maine Coon nicht zu viele Spielsachen auf einmal. Lieber weniger und dafür immer wieder etwas Neues. Wird ein Spielzeug einmal langweilig, schließen Sie es für ein paar Wochen weg. Danach ist es wieder interessant.

Abenteuerspielplatz Wohnung

Eine katzengerecht eingerichtete Wohnung bietet Ihrer Coonie viele Möglichkeiten, um ihren Bewegungsdrang ausleben und sich selbst beschäftigen zu können. Dabei ist nicht nur die Größe der Wohnung ausschlaggebend, eine Katze benötigt auch Spring- und Klettergelegenheiten, damit alle Muskeln trainiert werden können.

Idealerweise gibt es eine »Rennstrecke«, also eine freie Fläche, von der aus die Katze in vollem Lauf den Kratzbaum hinaufklettern kann. Verschiedene Höhlen und Liegeflächen, die dort angebracht sind, laden zum Verstecken ein. Von einem kuscheligen Fensterplatz aus lässt sich die Umwelt beobachten. Zwischen Büchern im Regal können Sie eine Kuschelecke einrichten, die über ein Kletterseil von unten erreichbar und über einen Balancierast mit einem Korb an der Wand verbunden ist.

Stellen Sie Töpfe mit Pflanzen, die Katzen lieben, wie Baldrian, Katzenminze, Katzengras, echter Thymian, in verschiedene Räume. Katzen erkunden ihren Lebensraum auch mit der Nase. So können Sie den täglichen Kontrollgang Ihrer Coonie auch zu einem geruchlichen Erlebnis machen.

Spiele für die Katze allein

Beim Spielen bevorzugen Maine Coons die Abwechslung und täglich neue Herausforderungen.

› Besonders kleine Kätzchen lieben Spiele, bei denen sie ihren Gleichgewichtssinn trainieren können. Dafür gibt es spezielle Kletterseile, die am Kratzbaum angebracht werden und die beim Erklimmen schwingen. Der Fachhandel bietet zudem Kratzbäume an, die so konstruiert sind, dass sie zwar stabil sind, aber trotzdem leicht schwingen.

› Holz- oder Plüschwürfel mit einem Loch in der Mitte, in dem ein Leckerli versteckt ist, fördern die Geschicklichkeit der Katze. Noch interessanter wird es, wenn Ihre Maine Coon das Futter zwar sehen und riechen kann, sie sich aber richtig anstrengen muss, um daran zu kommen. Im Zoofachhandel

---

Die Katze **kratzt im Spiel**

RICHTIG REAGIEREN Die menschliche Haut ist für Kratz- und Beißspiele ungeeignet. Wird das Spiel zu wild, stoppen Sie sie sofort mit einem scharfen »Nein«. Ziehen Sie Ihren Arm nicht zurück, denn solange Ihre Katze die Krallen ausgefahren hat, kratzt sie. Halten Sie den Arm ruhig. Nach einiger Zeit wird die Katze von Ihnen ablassen. So lernt sie, nicht so wild mit Ihnen zu spielen.

GESCHICKLICHKEITSSPIELE

Jagen ist einer der ursprünglichsten Triebe einer Katze. Stundenlang kann sie vor einem Mauseloch sitzen und auf Beute warten, die sie dann geschickt fängt. In der Wohnung können Sie durch geeignete Geschicklichkeitsspiele diesen Trieb nutzen, um sie zu fordern und um Langeweile bei Ihrer Maine Coon zu vermeiden. Sie sollten jedoch darauf achten, dass Ihre Katze bei fast jeder Jagd die »Beute« bekommt, sonst wird das Spiel schnell langweilig.

ANGELSPIELE Beim Angeln nach einer Beute muss die Katze ihren Geist anstrengen, um den bestmöglichen Weg zu finden, an die Trophäe zu kommen. Es gibt spezielle Katzenangeln mit verschiedenen Anhängern, wie Bällen, Federn oder Bändchen. Ebenso eignen sich Fellmäuse oder Schaumstoffbälle an einer Schnur. Ist das Spiel zu Ende, räumen Sie die Angeln weg, damit sich Ihre Katze nicht in den Bändern verheddern kann.

JAGDSPIELE Beim Jagen werden Ausdauer und Muskeln trainiert. Hat die Katze die Beute gefangen, gibt sie ihre Trophäe nicht mehr her, oder sie trägt sie stolz durch die Wohnung.

gibt es spezielle Geschicklichkeitsspiele aus Plexiglas in verschiedenen Schwierigkeitsstufen.

› Kleine Stoffmäuse oder Vögelchen, die an einem Gummiseil hängen und bei jeder Bewegung fiepen, können wahre Begeisterungsstürme bei Ihrer Maine Coon auslösen. Kleine Plastikringe, in denen ein Ball kreiselt, wenn er angestoßen wird, oder Rascheltunnel wird Ihre Katze lieben.

› Sehr begehrt sind auch Fellmäuse oder Stofftierchen, die mit Katzenminze oder Baldrian gefüllt sind. Katzen lieben diese Gerüche. Völlig selbstverloren können sie minutenlang am Rücken liegen,

so ein gefülltes Figürchen mit den Vorderpfoten festhalten und daran riechen und schlecken.

Spiele mit dem Menschen

Nehmen Sie sich täglich mindestens 15 bis 20 Minuten Zeit, in der Sie mit Ihrer Katze spielen.

Jagdspiele Maine Coons sind leidenschaftliche Jäger. Nichts bereitet ihnen mehr Vergnügen, als Beute zu erhaschen. Nun möchten Sie sicher keine lebenden Mäuse in Ihrer Wohnung laufen lassen. Als Alternative können Sie Ihre Maine Coon einen Teil ihres Trockenfutters erjagen lassen. Dazu verstecken Sie kleine Mengen Trockenfutter an verschiedenen Stellen der Wohnung. Beginnen Sie mit einfachen Verstecken und steigern Sie allmählich den Schwierigkeitsgrad.

Haben Sie eine wirklich kluge Katze, können Sie die Aufgaben noch trickreicher gestalten: Decken Sie das Futter mit einem Deckelchen oder einem Tuch ab. Dann muss die Katze erst die Abdeckung entfernen, um an die begehrte Beute zu kommen. Spezielle Röhrchen, die mit Trockenfutter gefüllt sind (Zoofachhandel), können am Kratzbaum angebracht werden. Die Katze muss hierfür auf einen Hebel drücken, dann fällt das Futterstückchen auf den Boden, wo es sich die Katze holen kann. Je nachdem, wie hoch das Röhrchen am Kratzbaum hängt, ist dies ein ideales Fitnesstraining für Ihre Coonie. Sie werden merken, mit welcher Freude und Hingabe Ihre Katze nach dem Futter sucht. Einem Federpüschel kann die Katze wunderbar hinterherjagen, wenn Sie ihn an einem Gummiband befestigen und durchs Zimmer ziehen.

Einen Kratzbaum erklimmt eine Katze leicht. Ihre scharfen Krallen geben ihr genügend Halt.

Angeln Gern wird Spielzeug auch gebadet und völlig durchnässt durch die Wohnung geschleudert. Füllen Sie eine große Schale mit Wasser und legen Sie kleine Nüsse, Beeren oder etwa fünf Zentimeter große Plastikkugeln hinein. Ihre Coonie wird mit Freude angeln und die »Fische« an Land ziehen.

Apportieren Maine Coons apportieren sehr gern. Werfen Sie ein kleines Bällchen. Bringt Ihr Liebling den geworfenen Ball, loben Sie ihn oder belohnen ihn mit einem Leckerli.

Abwechslung Dies bietet ein kleiner Hindernisparcours mit Tunnel, Wippe und Balancierstange. Als Tunnel eignet sich zum Beispiel eine größere Papierrolle oder ein länglicher Karton, der an zwei Seiten offen ist, die Wippe kann aus einem Brett bestehen, das Sie beispielsweise über eine Dose legen. Und zum Balancieren können Sie eine Holzlatte über zwei Stühle legen. Animieren Sie dann Ihren Liebling, diesen Parcours zu gehen.

Clickertraining Solche Übungen eignen sich ideal für das Clickertraining (→ Kasten, Seite 35). Wenn Sie beobachten können, mit wie viel Spaß Ihre Katze bei der Sache ist, werden Ihnen sicherlich noch viel mehr Möglichkeiten einfallen, um sie zu neuen Höchstleistungen anzustacheln. Kleine Übungen wie »Pfötchen geben« oder »Männchen machen« werden mit dem Clickertraining zu einem aufregenden Spiel, das nicht nur die körperlichen Fertigkeiten trainiert, sondern auch die Konzentrationsfähigkeit Ihrer Maine Coon schult.

Spielzeug selbst machen

Spielzeug muss nicht teuer sein. Mit etwas Einfallsreichtum können Sie Gegenstände des täglichen Lebens oder aus der Natur zu einem interessanten Katzenspielzeug umfunktionieren. Kastanien oder Eicheln lassen sich gut durch die Gegend schub-

Die ideale Spielzeuggröße entspricht einer Maus. Sie können aber auch größere Gegenstände wie Hausschuhe oder Pullover umherziehen.

sen. In Eierschachteln können kleine Leckerlis versteckt werden. Eine Schale, gefüllt mit frischem Gras, Blättern oder Heu, regt die Sinne Ihrer Katze an, eine Socke damit gefüllt, lässt sich gut angeln.

Mit Kätzchen spielen

Kleine Kätzchen haben eigene Vorstellungen vom Spiel mit ihrem Menschen. Sie wollen wie mit ihren Geschwistern und anderen Kätzchen sehr wild spielen. Dazu gehören auch Kratz- und Beißspiele, für die unsere Haut aber zu dünn und zu empfindlich ist. Bevor Sie das erlauben, bedenken Sie bitte, dass Gewohnheiten, die sich einmal festgesetzt haben, Ihrem Kätzchen schwer wieder abzugewöhnen sind. So ist es sicher niedlich, wenn Ihr 13 Wochen altes Jungtier vom Kratzbaum auf Ihre Schulter springt. Bei einer ausgewachsenen Maine Coon wird das sehr schmerzhaft.

Entspannung und Erholung

Von Spiel und Erkundungstouren müde geworden, lieben es Maine Coons zu entspannen und sich von ihren Abenteuern zu erholen. Meist legen sie sich dann zu ihrem Menschen und relaxen. Diese Entspannung können Sie zusätzlich unterstützen.

Aromatherapie

Katzen nehmen einen Großteil ihrer Umwelt über Gerüche wahr. Die Duftmoleküle in der Luft gelangen über die Riechzellen in der Nasenschleimhaut in das limbische System, einem Teil des Gehirns. Dieses wird als Sitz von Motivation, Trieben und Gefühlen gesehen. Darum eignet sich die Aromatherapie sehr gut, um ein Wohlfühlgefühl bei Ihrer Maine Coon auszulösen und zu verstärken oder um Ängste und Aggressionen abzubauen.

Jedes Aromaöl hat einen anderen Einfluss auf Katzen. So wirken zum Beispiel Koriander oder Cajeput aufbauend und anregend, Anis oder Vanille beruhigend und entspannend. Mit Sandelholz oder Basilikum können Ängste gelindert werden und Ysop hilft bei Erkältungen. Manche Düfte wie Zitrone oder Orange mögen die meisten Katzen nicht. Düfte eignen sich hervorragend als Ergänzung zu konventionellen Behandlungsmethoden bei verschiedenen Krankheiten, wie zum Beispiel Erkältungen, Kreislaufbeschwerden oder Verspannungen. Lediglich in Kombination mit homöopathischen Mitteln ist Vorsicht geboten, da die Aromaöle deren Wirksamkeit beeinträchtigen können.

So geht es Geben Sie vier bis fünf Tropfen des ätherischen Öls in das mit Wasser gefüllte Schälchen der Duftlampe. Durch das Erhitzen des Wassers über einem Teelicht gelangen die Aromen in die Luft und können von der Katze aufgenommen werden. Benutzen Sie die Duftlampe nicht länger als 30 bis 45 Minuten. Brennt die Lampe länger, werden die Düfte für Ihre Maine Coon zu intensiv und unangenehm.

Verwenden Sie für die Aromatherapie nur unverfälschte ätherische Öle von guter Qualität. Stellen Sie die Lampe so auf, dass sie von Ihrer Katze nicht umgeworfen werden kann. Reinigen Sie die Lampe nach jedem Gebrauch gründlich, damit Ihre Maine Coon nicht aus Versehen die Ölreste in der Lampe abschleckt. Oder verräumen Sie die Lampe wieder.

Entspannende **Massage**

Fast alle Maine Coons lieben es, massiert zu werden. Vermeiden Sie aber grobe Knetbewegungen.

SO GEHEN SIE VOR Beginnen Sie an den Ohren, und bewegen Sie Ihre Hände in leichten, kreisenden Bewegungen langsam über den Kopf und Rücken zu den Beinen. Alle Katzen lassen sich eine Massage an Ohren und Kopf gefallen. Manche mögen es aber nicht, am Rücken massiert zu werden. Vielleicht müssen sie sich auch erst daran gewöhnen. Merken Sie, dass Ihre Coonie unruhig wird, gehen Sie mit Ihren Händen langsam zurück zu den Stellen, die ihr gefallen haben.

MEDIZINISCHE MASSAGEN Natürlich können mit Massagen zum Beispiel Muskelverspannungen oder steife Gelenke gelindert werden. Dies sollten Sie aber einem Fachmann überlassen.

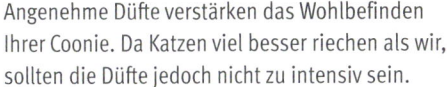

Angenehme Düfte verstärken das Wohlbefinden Ihrer Coonie. Da Katzen viel besser riechen als wir, sollten die Düfte jedoch nicht zu intensiv sein.

Viele Katzen lieben eine leichte Massage, wenn sie ihrem Menschen vertrauen. Richtig gemacht, bietet sie Entspannung sowohl für Mensch als auch Tier.

Bach-Blütentherapie

Die Bach-Blütentherapie wurde von dem englischen Arzt Dr. Edward Bach für den Menschen entwickelt. Doch auch Katzen sprechen gut darauf an. Bach-Blütenessenzen entfalten ihre Wirkung auf feinstofflicher Ebene. Durch Blütenkombinationen, die vom Tierheiltherapeuten auf die Katze abgestimmt sind, können negative Gemütszustände wie Angst, Aggression oder Verhaltensprobleme und Notfälle aller Art sowie körperliche oder emotionale Traumata bei Misshandlung und Vernachlässigung eines Tieres positiv beeinflusst werden.

So geht es Erwachsene Katzen erhalten viermal täglich jeweils vier Tropfen der Bach-Blütenmischung, Jungtiere viermal täglich zwei bis drei Tropfen aus den Einnahmefläschchen. Die Dosierung sollte aber stets individuell erfolgen. So kann im Einzelfall (wenn keine Wirkung erkennbar ist) durchaus eine stündliche oder noch häufigere Verabreichung – vor allem der Notfalltropfen (Rescue-Tropfen) bei Unfällen – erforderlich sein.

Musik für Katzen

Obwohl Maine Coons laute Geräusche verabscheuen, dürfen Sie sich nicht wundern, wenn es sich Ihre Coonie direkt auf oder neben einem Lautsprecher bequem macht. Katzen empfinden Musik anders als wir Menschen. Es sind nicht die Töne, es ist vor allem der Rhythmus, der sie beeinflusst. So kann ein langsamer Takt die Herzfrequenz senken und zum Wohlbefinden Ihrer Maine Coon beitragen. Ein schneller, aufputschender Rhythmus erhöht dagegen die Herzfrequenzen.

Wissenschaftliche Untersuchungen haben ergeben, dass klassische Musik, ganz besonders Musik von Mozart, auf die meisten Tiere entspannend wirkt. Natürlich müssen Sie jetzt nicht zum Klassik-Fan werden, nur damit Ihre Katze in den Genuss entspannender Musik kommt. Es gibt aus jedem Genre Musikstücke, die auch Ihre Maine Coon lieben wird. Lediglich Techno oder Rhythmen, die ähnlich schnell und abgehackt sind, sollten Sie meiden, da sie die meisten Tiere als unangenehm empfinden.

Urlaub im Freien

Als teure Rassekatzen werden Maine Coons fast ausschließlich in der Wohnung gehalten. Entweder gibt es keine Möglichkeit für einen Freilauf oder die Umgebung ist zu gefährlich für die Katze. Da Coonies recht zutraulich sind, besteht auch die Gefahr, dass ein »lieber« Mitmensch die Katze mitnimmt. Maine Coons können problemlos in einer geräumigen Wohnung zufrieden leben. Sind Sie in der glücklichen Lage, einen Balkon oder Garten zu besitzen, werden Sie vielleicht überlegen, Ihrer Maine

Coon den Zutritt zu gestatten. Haben Sie ihr allerdings einmal erlaubt, nach draußen zu gehen, wird sie die große Freiheit nicht mehr missen wollen.

Sicherer Freilauf im Garten

Ihrer Maine Coon wird es sicher gefallen, wenn sie den ganzen Garten ihr Revier nennen kann. Möchten Sie nicht, dass sie den Garten verlässt oder dass andere Katzen in ihr Revier eindringen, ist es nötig, den Garten katzensicher zu gestalten.

Ein sicheres Freigehege bereichert das Leben einer Maine Coon enorm. Mit Kratzgelegenheiten, Aussichtsplätzen und geschützten Schlaf- und Beobachtungsplätzen lässt es sich hier prima aushalten.

› Ein handelsüblicher Sichtschutzzaun, auch wenn er – wie in den meisten Gemeinden maximal erlaubt – 1,80 Meter hoch ist, stellt kein Hindernis für eine Maine Coon dar.

› Drahtzäune sind aus dem gleichen Grund keine wirkliche Barriere. Damit Ihre Katze den Zaun sicher nicht überwinden kann, muss sein oberer Rand mindestens 20 Zentimeter nach innen gebogen sein, weil sie sich dann nicht mehr festhalten kann.

› Eine andere Art, den Garten zu umzäunen, sind handelsübliche Katzenschutznetze. Es gibt je nach Bedarf verschiedene Arten, diese zu befestigen. Idealerweise werden Stangen im Boden verankert, an denen die Netze nach Anleitung angebracht werden. Achten Sie darauf, dass die Netze zwar fest an den Stangen verankert sind, dass sie jedoch nicht zu straff gespannt sind. Sonst kann Ihre Coonie locker daran hochklettern. Außerdem müssen alle Zwischenräume zum Beispiel zwischen Netz und Hauswand so eng sein, dass die Katze ihren Kopf nicht durchzwängen kann.

› Neu sind elektrische Katzenzäune. Hierbei wird ein dünner Draht unter der Erde verlegt. Eine Sendestation sendet ein Funksignal entlang des Drahtes aus. Die Katze trägt einen leichten Empfänger am Hals. Nähert sie sich der Grundstücksgrenze, wird ein Signalton ausgelöst. Geht sie weiter, bekommt sie einen minimalen Stromstoß von etwa 0,1 Joule, der sie abhält, weiterzugehen.

Der katzensichere Balkon

Eine Maine Coon kann geschickt klettern und balancieren. Und sie wird furchtlos auf dem Geländer des Balkons spazieren gehen, auch wenn Sie hoch oben in einem Haus wohnen. Selbstverständlich kann sie abschätzen, dass sie aus dieser großen Höhe nicht springen kann. Trotzdem ist es wichtig,

Ist Ihr Garten katzensicher, kann Mieze auch draußen auf Beute lauern. Wird ihre Geduld dann noch von Jagderfolg gekrönt, umso besser.

auch einen Balkon abzusichern, denn wenn Ihre Katze erschrickt, springt sie eventuell zur Seite. Oder sie vergisst bei der Jagd nach einer Fliege im Eifer des Gefechts die Gefahr.

Einen Balkon katzensicher zu gestalten, ist häufig relativ einfach, da die zu umzäunende Fläche nicht so groß ist. Außerdem kann der Balkon meist auch nach oben eingezäunt werden. Hierfür bieten sich die bereits genannten Katzenschutznetze an. Diese können Sie zum Beispiel mit Kabelbindern am Geländer oder mit Schrauben an den Seitenwänden und an der Decke verankern. Bitte achten Sie bei der Montage auf kleine Zwischenräume, durch die sich Ihre Katze nicht zwängen kann.

Achtung Fliegengitter sind als Schutz für die Katze weder am Fenster noch auf dem Balkon geeignet. Das Gewebe ist nicht stabil genug, als dass es einer ausgewachsenen Maine Coon standhalten könnte.

Gesund durch gute Pflege

Damit Sie Krankheitsanzeichen frühzeitig erkennen können, sollten Sie Ihre Maine Coon regelmäßig einem kurzen Gesundheits-Check unterziehen.

Allgemeinzustand Zieht sich Ihre Maine Coon plötzlich zurück, wirkt sie apathisch und lässt sich nicht mehr zum Spielen animieren, können das Anzeichen einer Erkrankung sein.

Gewicht Ein gesundes Katzenkind nimmt kontinuierlich an Gewicht zu. Hält es sein Gewicht oder nimmt es ab, ist dies ein sicheres Zeichen dafür, dass ihm etwas fehlt. Es muss sofort zum Tierarzt. Bei einer erwachsenen Katze kann das Gewicht leicht schwanken, mehr als ein Kilo sollte die Differenz allerdings nicht betragen. Verliert Ihre Katze stark an Gewicht oder nimmt sie plötzlich übermäßig zu, gehen Sie bitte zu Ihrem Tierarzt.

Haut und Fell Sehen Sie sich beim Bürsten regelmäßig die Haut Ihres Lieblings an. Gibt es gerötete Stellen? Kratzt sich Ihre Katze vielleicht häufiger? Hat sie eventuell sogar einige kahle Stellen? Dies weist oft auf einen Parasiten- oder Pilzbefall oder auf eine Nahrungsmittelunverträglichkeit hin.

Zähne Kontrollieren Sie regelmäßig die Zähne und das Zahnfleisch Ihrer Katze. Schieben Sie dazu vorsichtig die Lippe zur Seite. Bei einer gesunden Katze sind die Zähne weiß, das Zahnfleisch ist rosa. Ältere Katzen leiden häufig an Zahnstein und entzündetem Zahnfleisch. Dann muss der Tierarzt den Zahnstein entfernen. Wie man die Zähne reinigt → Foto 3, Seite 51. Vorbeugend gibt es im Zoofachhandel Zahnreinigungsfutter (Dentabits).

Ohren Die Ohren sollten sauber und trocken sein. Kratzt sich Ihre Maine Coon häufig oder sind die Ohren stark verschmutzt und weisen einen krustigen Belag auf, kann sie Ohrmilben haben. Wie Sie diese Parasiten bekämpfen, lesen Sie auf Seite 54, wie man die Ohren reinigt → Foto 2, Seite 51.

Augen Katzen besitzen ein drittes Augenlid, die sogenannte Nickhaut, die unter dem Augenlid versteckt ist. Bei Gefahr schützt sie das Auge vor Verletzungen. Tritt sie hervor, weist das auf einen

Streichen Sie mit der Bürste vorsichtig in Fellrichtung. Die losen Haare bleiben in der Bürste hängen, die Katze kann sie nicht verschlucken.

schlechten Allgemeinzustand der Katze, auf Fieber oder eine Augeninfektion hin. Hin und wieder können die Augen einer Katze tränen. Wischen Sie sie vorsichtig mit einem weichen, feuchten Tuch sauber. Verwenden Sie dazu bitte nur Wasser ohne Zusätze. Sind sie nach ein bis zwei Tagen nicht wieder in Ordnung, fragen Sie Ihren Tierarzt um Rat. Wie man die Augen reinigt → Foto 1, rechts.

Nase Eine gesunde Maine Coon hat eine eher trockene oder leicht feuchte Nase. Läuft Flüssigkeit aus der Nase und niest Ihr Kätzchen womöglich noch, hat es wahrscheinlich eine Erkältung. Dann muss es zum Tierarzt (→ Seite 52).

Unterstützung bei der Fellpflege

Durch häufiges Schlecken befreit eine Katze ihr Fell von Schmutz. Dabei glättet sie es gleichzeitig und verleiht ihm einen schönen Glanz. Sie können Ihre Coonie dabei unterstützen, indem Sie sie regelmäßig einmal pro Woche bürsten (→ Foto, Seite 50). Spüren Sie eine kleine Verknotung, nehmen Sie den Kamm zur Hand. Halten Sie wenn möglich die Haare am Haaransatz fest, damit es nicht so zieht. Ist die Verknotung klein, lässt sie sich meist leicht lösen. Größere Verknotungen können Sie auch vorsichtig mit einer kleinen Schere herausschneiden.

Krallen kürzen

Katzenkrallen bestehen aus einer harten Nagelsubstanz. Sie wachsen ständig nach. Dabei wird die äußere Schicht regelmäßig abgestoßen. Damit die Krallen in Form bleiben, kratzen Katzen an einer rauen Oberfläche. Bei manchen Katzen reicht das bloße Kratzen nicht aus. Ihre Krallen wachsen dann sichelförmig und lassen sich nicht mehr ganz einziehen – die Katze bleibt hängen. Die Krallen von Freilauf-Katzen müssen nicht gekürzt werden.

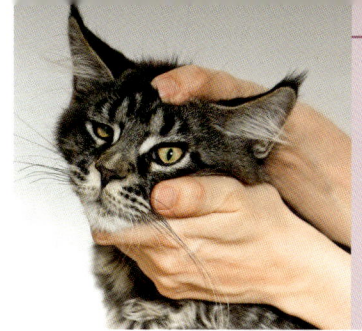

1 Haben Sie in den Augen Ihrer Katze Verkrustungen entdeckt, entfernen Sie diese vorsichtig mit einem weichen Tuch, das Sie in klares Wasser tauchen.

2 Bei der Ohrenpflege wischen Sie das Ohr mit einem weichen Papiertuch aus. Bitte keine Wattestäbchen benutzen, um die Katze nicht zu verletzen.

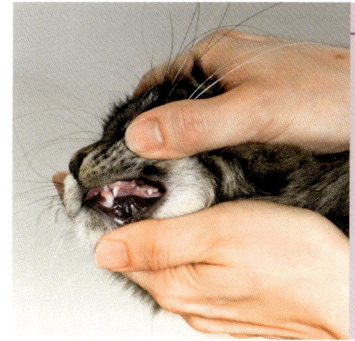

3 Um die Zähne zu reinigen, können Sie versuchen, die Zähne vorsichtig mit einer weichen Zahnbürste zu putzen. Es gibt auch spezielles Trockenfutter dafür.

So geht es Drücken Sie mit Daumen und Zeigefinger leicht auf die Ballen, damit die Krallen sichtbar werden. Dann schneiden Sie mit einer Krallenschere die durchsichtigen Krallenspitzen ab. Vergessen Sie nicht die Daumenkrallen an den Innenseiten der Vorderpfoten. Schneiden Sie nicht zu tief, um die Blut- und Nervengefäße nicht zu verletzen. Sind Sie unsicher, wie das Krallenkürzen geht, lassen Sie es sich vom Tierarzt zeigen.

Krankheiten erkennen und behandeln

Die Redensart von den sieben Leben einer Katze bezieht sich auf deren Fähigkeit, selbst schwere Verletzungen zu überleben. Gegen Erkrankungen sind sie ebenso wenig gefeit wie wir. Dank des medizinischen Fortschritts gibt es gegen viele Viruserkrankungen Schutzimpfungen. Eine Maine Coon vom Züchter ist in der Regel bereits einmal geimpft und entwurmt. Damit der Impfschutz wirksam bleibt, lassen Sie ihn auffrischen (→ Seite 53).

Erbkrankheiten Leider haben sich im Lauf der Zeit bei der Zucht von Maine Coons einige erblich bedingte Krankheiten eingeschlichen. Dies sind vor allem die Hypertrophe Kardiomyopathie (HCM), eine Herzerkrankung, Hüftgelenksdysplasie (HD) und Polyzystische Nierenerkrankung (PKD). Diese Erbkrankheiten sind nicht heilbar, können aber medikamentös gelindert werden, bei der HD ist eine operative Hilfe möglich.

Zoonosen Auch der Mensch kann Krankheiten auf die Katze übertragen. Tuberkulose und Herpes-Viren, aber auch eine Erkältung sind Beispiele hierfür. Sind Sie daran akut erkrankt, sollten Sie in dieser Zeit den Kontakt zu Ihrer Katze einschränken.

Die häufigsten Viruserkrankungen

Katzenschnupfen (Rhinitis) Die Katze niest, hustet und hat Fieber. Im weiteren Verlauf der Erkrankung kommen Mattigkeit und Entzündungen des Maul- und Rachenraums hinzu. Unbehandelt kann es zu eitrigem Ausfluss aus der Nase, tränenden Augen bis hin zur Lungenentzündung kommen. Eine Schutzimpfung kann die Krankheit lindern.

Katzenseuche (Panleukopenie) Anzeichen dieser Erkrankung sind Mattigkeit, Appetitlosigkeit, Durchfall, Erbrechen und Fieber. Junge Katzen überleben eine Katzenseuche häufig nicht. Übertragen wird die Krankheit von Tier zu Tier, aber auch über Hände und Füße von Menschen. Eine Impfung beugt dem Ausbruch der Krankheit vor.

Mit einem fest sitzenden Pfotenverband verhindern Sie, dass die Katze eine Wunde beknabbert.

Infektiöse Bauchfellentzündung Ursache dieser Krankheit, die auch feline infektiöse Peritonitis oder FIP heißt, ist ein Coronavirus. Typisch ist die Zunahme des Bauchumfangs. Trotz intensiver Forschung gibt es noch keine sichere Impfung.

Leukose (FeLV) Das Virus schwächt das Immunsystem. Zwischen dem Zeitpunkt der Infektion und dem Ausbruch der Krankheit können einige Jahre vergehen, zwischenzeitlich sind Katzen meist symptomlos. Auch können Tiere, bei denen die Krankheit noch nicht ausgebrochen ist, andere Tiere anstecken. Vorbeugend wird eine Impfung empfohlen.

Tollwut Sie kann von Tieren auf Menschen übertragen werden. Die Symptome sind Schluckbeschwerden, Aggressivität und andere Verhaltensauffälligkeiten. Tollwut ist unheilbar und führt zum Tod. Eine Katze mit Freilauf muss deshalb unbedingt geimpft werden. Hat Ihre Coonie einen vollständigen Impfschutz, kann sie den Menschen nicht anstecken, selbst wenn sie mit Blut oder Speichel eines infizierten Tieres in Berührung kam.

Was tun im Ernstfall

Oft ist es gar nicht so schwer, eine Erkrankung bei einer Katze zu erkennen. Sichere Anzeichen, dass sich die Katze nicht wohlfühlt, sind:

› Veränderungen im Wesen: Die Katze wirkt müde und antriebslos, frisst nur noch zögerlich oder gar nicht, trinkt plötzlich kaum noch oder sehr viel. Sie zieht sich zurück und sucht versteckte Plätze auf.

› Allgemeinsymptome wie tränende Augen oder laufende Nase. Die Katze lässt sich nicht mehr

Wurmkuren und Impfplan		
WANN	**WAS**	**WOGEGEN**
WURMKUR		
2. BIS 12. LEBENS-WOCHE, ALLE 14 TAGE		Wurmbefall
¼-JÄHRLICH		Wurmbefall
IMPFUNGEN		
8. LEBENSWOCHE	Grundimmunisierung	Katzenseuche, Katzenschnupfen, FeLV
12. LEBENSWOCHE	Grundimmunisierung	Katzenseuche, Katzenschnupfen, FeLV, Tollwut
16. LEBENSWOCHE	Grundimmunisierung	FIP
19. LEBENSWOCHE	Grundimmunisierung	FIP
JÄHRLICH	Wiederholungsimpfungen	Katzenschnupfen, FeLV, FIP, Tollwut (je nach Impfstoff)
ALLE 2 JAHRE	Wiederholungsimpfungen	Katzenseuche, Tollwut (je nach Impfstoff)

hochheben. Das Fell ist glanzlos. Sie erbricht häufig und/oder hat Durchfall.

› Fieber: Die Körpertemperatur einer gesunden Katze liegt zwischen 38 und 39 Grad. Gemessen wird mit einem Fieberthermometer im After. Vereinbaren Sie dann schnell einen Termin bei Ihrem Tierarzt. Je früher eine Krankheit erkannt wird, desto leichter ist sie meist zu behandeln.

Die Hausapotheke

Folgendes sollte die Hausapotheke für Ihre kranke oder verletzte Maine Coon enthalten:

› Zeckenzange, Krallenschere oder -zange; Flohkamm; Fieberthermometer (Digital-, Babythermometer); Verbandsmull, elastische Binden, Kompressen, Leukoplast; Pinzette, Schere; Einmalspritze (ohne Nadel) zum Eingeben flüssiger Medikamente und Einmalhandschuhe.

› an Medikamenten antiseptische Lösung zur Desinfektion; Wund- und Heilsalbe; Entwurmungsmittel; Spot-on-Präparate gegen Parasiten im Fell.

Hausapotheke für den Katzenhalter Leidet Ihre Katze unter Schmerzen, kann es passieren, dass sie Sie beißt. Da Katzenbisse eine Vergiftung auslösen können, sollten Sie in Ihrer Hausapotheke eine Desinfektionslösung, Verbandsmull, Pflaster sowie Wund- und Heilsalbe haben.

Sanfte Heilmethoden

Nicht jede Erkrankung erfordert den vollen Einsatz schulmedizinischer Wirkstoffe. Gerade sensible Katzen können bei manchen Erkrankungen wirkungsvoll mit Naturheilmitteln behandelt werden. Dazu zählen Homöopathie, Bach-Blüten- (→ Seite 47), Aroma- (→ Seite 46) oder Lichttherapie. Schon seit Langem wird die sanfte Medizin unterstützend bei verhaltenstherapeutischen Maßnahmen eingesetzt.

Parasiten vorbeugen

Darf Ihre Maine Coon ins Freie, kann es passieren, dass sie den einen oder anderen ungebetenen Gast mitbringt.

WÜRMER	Gegen Wurmbefall, vor allem Spul- und Bandwürmer, schützt eine regelmäßige Wurmkur. Eine Entwurmungspaste ins Mäulchen verabreicht, schmeckt den meisten Katzen und schützt gleichzeitig.
FLÖHE	Gegen Flöhe schützt ein Ungezieferhalsband. Achten Sie beim Kauf darauf, dass es sich beim Ziehen öffnen lässt, sonst kann sich Ihre Maine Coon strangulieren, wenn sie daran hängen bleibt. Alternativ können Sie Tropfen in die Haut im Nacken der Katze einmassieren.
OHRMILBEN	Ohrmilben verursachen einen starken Juckreiz und einen schwarzen Belag in den Ohren. Die Katze kratzt sich und hält den Kopf meist schief. Leidet Ihre Maine Coon an Ohrmilben, suchen Sie bitte den Tierarzt auf. Er wird das richtige Medikament verschreiben.
ZECKEN	Zecken lassen sich mit einer Zeckenzange (Apotheke, Zoofachhandel) problemlos entfernen. Vorbeugend können Sie Ihrer Katze ein Zeckenhalsband umlegen. Der Tierarzt gibt Ihnen ein Spot-on-Präparat, das Sie dem Tier ins Fell träufeln.

Nachwuchs im Hause Maine Coon

Noch immer gibt es die weit verbreitete Meinung, dass eine Katze mindestens einmal Babys gehabt haben sollte, bevor sie kastriert wird. Die Rolligkeit einer Katze und die damit verbundene Suche nach einem potenten Kater hat aber nichts mit einem Kinderwunsch zu tun. Hormongesteuert folgen Kätzinnen dem Ruf der Natur.

Vielleicht haben Sie im Haus des Züchters, bei dem Sie Ihre Maine Coon kaufen wollen, das lebhafte Treiben von vier, fünf oder mehr Maine-Coon-Kätzchen beobachtet . Die tapsigen, unbeholfenen Bewegungen, das wilde Spiel und der herzerwärmende Anblick der Katzenmutter, die sich um ihren Nachwuchs kümmert, lassen schnell den Wunsch nach eigenen Maine-Coon-Babys aufkommen.

Jungenaufzucht

63 bis 65 Tage nach der Paarung kommen die Jungen zur Welt. In den Wochen vor dem Geburtstermin wird die Katze zunehmend unruhig. Sie fängt an, sich nach einem geeigneten Platz für die Geburt umzusehen. Katzen haben oft eine andere Vorstellung von so einem Platz als der Mensch. Eine geeignete Wurfhöhle ist gut gepolstert und mit saugfähigem Material ausgelegt. Idealerweise hat sie einen Deckel oder eine Öffnung, durch die man die Geburt beobachten und gegebenenfalls eingreifen

Spiele mit den Geschwisterchen trainieren die Geschicklichkeit und fördern das Sozialverhalten.

Die Mutter bringt ihren Babys in den ersten zwölf Wochen bei, sich zu pflegen und die Toilette zu benutzen.

1 ZEHN TAGE Mit etwa zehn Tagen beginnen sich die Augen zu öffnen, und die Kleinen reagieren auf Geräusche. Alle Katzenbabys haben blaue Augen.

2 VIER WOCHEN In diesem Alter verlassen die Babys die Wurfkiste und beginnen ihre Umwelt zu erobern. Die ersten Zähnchen wachsen. Jetzt fangen sie auch an, feste Nahrung zu fressen.

3 ZWÖLF WOCHEN Nun ist meist die Zeit gekommen, in der die Kleinen in ein neues Zuhause umziehen. Sie sind bereit für neue Abenteuer.

kann. Je nach Temperament und Anhänglichkeit der Katze wird sie sich zurückziehen und verstecken oder die Anwesenheit ihres Menschen fordern. Die Geburt selbst verläuft bei Katzen normalerweise ohne Komplikationen. Die meisten Mütter befreien ihre Jungen sofort nach Erscheinen von der Fruchthülle, beißen die Nabelschnur durch, fressen die Nachgeburt und lecken ihre Jungen trocken. Gerade erstgebärende Katzen wissen manchmal nicht, was mit ihnen passiert. Hier muss der Mensch eventuell helfend eingreifen und die Babys von der Fruchthülle befreien, trocken reiben und die Nabelschnur abtrennen. Meist siegen aber nach kurzer Zeit die Instinkte, und die junge Katzenmutter übernimmt die Pflege ihrer Kleinen.

Sind alle Babys auf der Welt, werden sie das erste Mal gesäugt. Mit dieser ersten Milch, Kolostralmilch genannt, erhalten sie für die ersten Wochen einen Immunschutz. Durch Belecken der Bäuchlein regt die Mutter die Darmfunktion an. Außerdem muss sie die Kleinen wärmen, weil deren Thermoregulation noch nicht funktioniert. Damit ist die Mutter in den nächsten Tagen vollauf beschäftigt. Durch ihre gute Pflege nehmen gesunde Babys kontinuierlich zu, sind sauber geputzt und haben ein glänzendes Fell. Nach etwa vier Wochen verlassen die Kleinen langsam ihre Wurfkiste und beginnen ihre Umwelt zu erkunden. Von zuerst nur einigen Metern vergrößern sie die Reichweite täglich. Katzenkinder können noch nicht gut scharf sehen, und der Orientierungssinn ist kaum ausgebildet. Deshalb ist es sinnvoll, den Aktionsradius durch eine Barriere einzuschränken. Werden die Kleine größer, kann auch das Aktionsfeld nach und nach erweitert werden. Jetzt bekommen die Kleinen auch ihre Milchzähnchen und fangen an, selbstständig zu fressen.

Ab einem Alter von 12 bis 14 Wochen werden die Kleinen in der Regel abgegeben. Mit einem Jahr sind die Kätzchen erwachsen. Das ist auch die beste Zeit, Katze und Kater kastrieren zu lassen. Ihr endgültiges Aussehen erreichen Maine Coons aber meist erst im Alter von drei bis vier Jahren.

Reinrassiger Nachwuchs

Damit die Kätzchen einen Stammbaum bekommen, muss sich der Halter der Kätzin einem Katzenverein anschließen. Außerdem ist es notwendig, dass Kätzin und Kater ebenfalls einen Stammbaum haben. Zusätzlich müssen Kater und Katze bei einer Katzenausstellung durch einen Richter eine entsprechende Beurteilung bekommen haben, dass sie dem Rassestandard entsprechen.

Hat der Halter der Kätzin keinen eigenen Deckkater, muss erst einmal ein potenzieller Vater gesucht werden, der mit der zukünftigen Mutter nicht verwandt ist – entweder über einen Katzenverein oder auf Katzenausstellungen. Bevor die Maine-Coon-Katze erstmals gedeckt wird, sollte sie mindestens ein Jahr alt sein. Ist sie dann rollig, kann die Katzenhochzeit stattfinden. Meist wird die Braut zum Bräutigam gebracht. Dort bleibt sie einige Tage.

Schwierigkeiten bei Geburt/Aufzucht

› Ein Kätzchen kann im Geburtskanal stecken bleiben oder die werdende Mutter leidet an einer Wehenschwäche. Oft kann dann nur ein Kaiserschnitt noch das Leben von Mutter und Jungtieren retten.
› Manchmal passiert es, dass die Kleinen trotz aller Vorsicht Fruchtwasser in die Lunge bekommen. Dann sterben sie nach einigen Tagen.
› Bei der Umstellung von Muttermilch auf feste Nahrung kann es vorkommen, dass die Kleinen mit Durchfall reagieren. Dann müssen sie sofort zum Tierarzt gebracht werden, denn die winzigen Körperchen verlieren innerhalb von wenigen Stunden so viel Flüssigkeit, dass sie nicht mehr gerettet werden können.
› Sind die Kleinen größer geworden, heißt es, einen passenden Platz für sie zu finden.

Kastration

Nicht nur um ungewollten Nachwuchs zu vermeiden, ist es sinnvoll, die Katze kastrieren zu lassen.

Ein potenter Kater steht ständig unter Stress, da er auf Brautschau gehen möchte. Dann kann es sein, dass er fast bis auf die Knochen abmagert. Auch die Rolligkeit der Kätzin geht an die Substanz. Wenn sie nicht gedeckt wird, stellt sich die Rolligkeit nach einiger Zeit erneut ein – mit der Folge, dass die Katze dauerrollig wird und eventuell eine Gebärmutterentzündung entwickelt.

Abhilfe schafft eine Kastration, wobei die hormonproduzierenden Geschlechtsorgane (Hoden beim Kater, Eierstöcke bei der Kätzin) entfernt werden. Bei einer Gebärmutterentzündung ist eine Kastration unvermeidlich, um das Leben der Kätzin zu retten, das Operationsrisiko ist dann allerdings um ein Vielfaches höher.

Zucht oder **Vermehrung**

Der Unterschied zwischen Züchten und Vermehren ist auf den ersten Blick oft schwer zu erkennen.

ZUCHT Ein Züchter hat ein Zuchtziel, das der Erhaltung und Verbesserung der Rasse dienen soll. Großes Hintergrundwissen über die Herkunft und die Entwicklung der Rasse und über Genetik helfen ihm dabei. Natürlich weiß er auch über Erbkrankheiten Bescheid und bemüht sich, diese zu eliminieren. Durch gezielte Verpaarungen versucht er, seinem Ideal näher zu kommen. Das dauert oft mehrere Generationen.

VERMEHRUNG Die Verpaarung eines Rassekaters mit einer Rassekätzin, weil kleine Katzenkinder niedlich sind und vielleicht Geld einbringen, ist Vermehrung. Sie verbessert die Rasse weder in optischer noch gesundheitlicher Hinsicht.

Die alte Katze

Dank guter Pflege und medizinischer Versorgung können Katzen 15 Jahre und älter werden. Da die Haare nicht grau werden und die Haut keine Falten bekommt, merkt man den meisten Katzen ihr Alter nicht an. Mit etwa acht bis neun Jahren kommt Ihre Coonie in die Jahre. Sie wird ruhiger, benötigt mehr Ruhephasen und ist meist nicht mehr so verspielt. Damit mögliche Erkrankungen möglichst frühzeitig erkannt und behandelt werden können, sollten Sie eine ältere Maine Coon einmal jährlich beim Tierarzt untersuchen und ein Blutbild machen lassen.

Probleme im Alter

Wenn auch nicht von außen sichtbar, verändern oder verschlechtern sich im Alter viele körperliche Funktionen.

Blindheit Die Augen einer Maine Coon bleiben meist bis ins hohe Alter klar und leistungsfähig. Trotzdem kann es sein, dass die eine oder andere Katze eine Augenkrankheit bekommt, die unter Umständen auch zum Verlust des Augenlichts führen kann. Die meisten Katzen kommen dennoch im Haus gut zurecht. Durch die Schnurrhaare, die jeden noch so kleinen Luftzug aufnehmen, orientieren sie sich dann. Sie können einer blinden Katze aber das Leben erleichtern, indem Sie Möbel möglichst immer am gleichen Platz stehen lassen und unerwartete Hindernisse im Laufweg der Katze entfernen. Sprechen Sie Ihre blinde Katze an, bevor Sie sie berühren. Dann wird sie nicht erschrecken. Eine blinde Katze darf keinen Freilauf mehr haben.

Schwerhörigkeit Sie kann die Folge von Ablagerungen in den Gehörgängen sein. Werden sie vom Tierarzt entfernt, kann Ihre Maine Coon wieder gut hören. Selten verliert eine Katze ihr Gehör. Doch auch eine taube Katze kann sich im Haus gut zurechtfinden. Andere Sinnesorgane wie Augen und Schnurrhaare ersetzen die Ohren.

Zahnprobleme Ältere Maine Coons haben häufig Probleme mit Zähnen und Zahnfleisch. Schauen Sie Ihrer Katze regelmäßig ins Mäulchen und untersuchen Sie es auf Entzündungen. Auch ohne Zähne kann eine Maine Coon noch lange gut leben. Sie sollten lediglich bei der Wahl des Futters auf kleine und weiche Stückchen achten oder ein spezielles Seniorenfutter wählen (→ Seite 39).

Einschränkungen Im Alter verlangsamt sich der Stoffwechsel, dadurch sinkt der Nährstoffbedarf. Auch hat eine ältere Maine Coon einen geringeren Bewegungsdrang. Das bedeutet, dass sie spezielles Futter braucht, das diesen neuen Bedürfnissen angepasst ist (→ Seite 39). Zudem fällt es ihr immer schwerer, hochgelegene Aussichtspunkte zu erreichen. Bemerken Sie, wie Ihre Katze lang zögert, bevor sie abspringt, erleichtern Sie ihr den Weg zu ihrem Lieblingsplatz, indem Sie ihr Treppchen oder eine Rampe bauen oder eine Möglichkeit zu einem Zwischenstopp installieren.

Eigensinn Ältere Katzen werden oft etwas eigenwillig, manchmal fast starrsinnig. Sie sind nicht mehr so flexibel und möchten an lieb gewonnenen Gewohnheiten festhalten. Jede Veränderung bringt das »normale« Leben durcheinander. Die schwindenden körperlichen und geistigen Fähigkeiten verunsichern Katzen sehr. Dadurch werden sie noch anhänglicher und benötigen viel Zuwendung. Geben Sie Ihrer Katze Sicherheit und Vertrauen durch vermehrte Schmuse- und Streicheleinheiten.

Katzensenioren benötigen mehr Ruhe und Geborgenheit. Abenteuerlust und Bewegungsdrang nehmen ab. Ein kuscheliger, warmer Platz wird meist bevorzugt. Lassen Sie die Gesundheit Ihrer Coonie regelmäßig vom Tierarzt untersuchen, dann kann sie noch viele Jahre gesund und glücklich leben.

Abschied nehmen

Die Zeit des Abschieds ist für alle Beteiligten ein schwerer Schritt. Schläft die Katze von selbst ruhig ein, ist dies zwar sehr traurig für alle, Sie haben aber die Gewissheit, dass sie nicht leiden musste. Schwieriger ist es, wenn die Katze unheilbar krank ist, sie sich nur noch unter Schmerzen bewegen und nicht mehr selbstständig fressen kann. Fragen Sie Ihren Tierarzt, ob er ihr die erlösende Spritze zu Hause gibt. So ersparen Sie Ihrer Coonie den Stress des Transports in ihrer letzten Stunde, und sie kann in ihrer gewohnten Umgebung einschlafen.

Kinder trauern lassen Eine Katze hat ein Kind häufig sein ganzes Leben begleitet. Ist dieser Lebensgefährte plötzlich nicht mehr da, empfindet ein Kind das als besonders schlimm. Trauer ist ein natürlicher Vorgang, der seine Zeit braucht. Gestehen Sie diese Zeit Ihrem Kind zu. Und lassen Sie eine Weile vergehen, bevor Sie sich dafür entscheiden, wieder eine Katze zu adoptieren.

Die **halbfett** gesetzten Seitenzahlen verweisen auf Abbildungen, U = Umschlag, UK = Umschlagklappe.

Die Inhalte dieses Buch beziehen sich auf die Bestimmungen des deutschen Tier- bzw. Artenschutzes. In anderen Ländern können die Angaben abweichen sein. Erkundigen Sie sich daher im Zweifelsfall bei Ihrem Zoofachhändler oder der entsprechenden Behörde.

Adressen

› Fédération Internationale Féline (FIFe), L-2015 Luxembourg, www.fifeweb.org
› Feline Federation Europe® (FFE), Breite Gasse 27, 90402 Nürnberg, www.ffe-europe.de
Erste beim Vereinsregister offiziell eingetragene Dachorganisation in Deutschland

---

Wichtiger **Hinweis**

› Oft sind körperliche Erkrankungen die Ursache für eine Verhaltensänderung. Konsultieren Sie daher immer zuerst den Tierarzt, um sicherzustellen, dass Ihre Katze gesund ist.

› Kontrollieren Sie in regelmäßigen Abständen Augen, Ohren und Fell auf Veränderungen. So lassen sich manche Krankheitsanzeichen frühzeitig erkennen.

› Kranke Katzen nehmen Stimmungen verstärkt wahr. Versuchen Sie deshalb, sich Ihrem Tier in dieser Situation möglichst ruhig und entspannt zu nähern.

› Deutsche Edelkatze e. V., Geisbergstr. 2, 45139 Essen, www.deutsche-edelkatze.de
› 1. Deutscher Edelkatzenzüchterverband e. V. (1. DEKZV e. V.), Mühlweg 4, 35614 Asslar, www.dekzv.de
› World Cat Federation e. V. (WCF), Geisbergstr. 2, 45139 Essen, www.wcf-online.de
› TICACats e. V., German American Cat Club e. V., Friedrichsbrunnerstr. 15, 12347 Berlin, www.ticacats.de
› Cat Fanciers' Association, Inc. (CFA), 260 East Main Street Alliance, OH, 44601, www.cfa.org
› Österreichischer Verband für die Zucht und Haltung von Edelkatzen (ÖVEK), Liechtensteinstr. 126, A-1090 Wien, www.oevek.at
› Fédération Féline Helvétique (FFH), Alfred Wittich (Präsident), Büntacher 22, CH-5626 Hermetschwil, www.ffh.ch
› Deutscher Tierschutzbund e. V., In der Raste 10, 53129 Bonn, www.tierschutzbund.de
› Maine Coon Hilfe, Petra Büttner-Lotter (1. Vorsitzende), Pflegestelle: Scheibelleithe 15, 91080 Marloffstein, www.maine-coon-hilfe.de

Fragen zur Haltung

beantworten Ihr Zoofachhändler und der Zentralverband Zoologischer Fachbetriebe Deutschlands e. V. (ZZF), www.zzf.de, Online-Portal des ZZF: www.my-pet.org, Tel.: 0611/44755332 (Mo 12–16 Uhr)

Registrierung von Katzen

› TASSO e. V., Haustierzentralregister, 65795 Hattersheim, Tel. 0 61 90/93 73 00, www.tasso.net
› Internationale Zentrale Tierregistrierung (IFTA), Nördliche Ringstr. 10, 91126 Schwabach, Tel. 00 8 00/43 82 00 00 (kostenlos), www.tierregistrierung.de
› Deutsches Haustierregister, Deutscher Tierschutzbund e. V., In der Raste 10, 53129 Bonn, www.deutsches-haustierregister.de

Internetadressen

Alles rund um die Katzenhaltung finden Sie bei
› www.schmusekatzen.de
› www.welt-der-katzen.de
› www.katze-und-du.de

Internetforen für Katzenfreunde:
› www.miau.de
› www.mietzmietz.de
› www.netz-katzen.de

Informationen über giftige Pflanzen erhalten Sie unter:
› www.giftpflanzen.ch
› www.botanikus.de

Zeitschriften

› die edelkatze. Illustrierte Fachzeitschrift für Katzenfreunde, Verbandszeitschrift des 1. DEKZV (→ Adressen)
› Geliebte Katze. Ein Herz für Tiere Media GmbH, Ismaning
› Our Cats. Deutschlands modernes Katzenmagazin. Minerva-Verlag, Mönchengladbach